普通高等教育智能制造系列教材

智能机床与编程

主　编　赵科学　宋　飞　陶　林

副主编　徐　彬　郑　智

参　编　王　冠　程　娜　佟　颖　王天东

主　审　李康举　公丕国

北京理工大学出版社

BEIJING INSTITUTE OF TECHNOLOGY PRESS

内 容 简 介

本书阐述了智能机床的基本概念、基本原理及各种应用（智能切削、智能测量、智能加工单元等）。本书共 8 个模块，采用项目、任务驱动式编写体例，方便进行项目化教学，并配有拓展练习题目。本书结合数字化工厂场景，列举了智能机床数字化工厂的实例，对智能制造领域的教学和研究有一定的参考价值。

在本书中，读者可通过学习大量实例与练习题目来掌握智能工厂中加工机床在智能加工、智能测量、智能生产单元中的应用。本书围绕机床的智能化应用，以实际数字化工厂案例作为选题对象；在一定程度上解决了目前智能机床相关教材不足的问题，为智能制造相关工程能力培养提供了教学资源。

图书在版编目（CIP）数据

智能机床与编程 / 赵科学，宋飞，陶林主编. —北京：北京理工大学出版社，2020.6
ISBN 978-7-5682-8537-7

Ⅰ. ①智… Ⅱ. ①赵… ②宋… ③陶… Ⅲ. ①数控机床-程序设计 Ⅳ. ①TG659.022

中国版本图书馆 CIP 数据核字（2020）第 092450 号

出版发行 / 北京理工大学出版社有限责任公司

社　　址 / 北京市海淀区中关村南大街 5 号

邮　　编 / 100081

电　　话 / （010）68914775（总编室）
　　　　　　（010）82562903（教材售后服务热线）
　　　　　　（010）68948351（其他图书服务热线）

网　　址 / http：//www.bitpress.com.cn

经　　销 / 全国各地新华书店

印　　刷 / 三河市天利华印刷装订有限公司

开　　本 / 787 毫米×1092 毫米　1/16

印　　张 / 16.25　　　　　　　　　　　　　　　　　责任编辑 / 陆世立

字　　数 / 382 千字　　　　　　　　　　　　　　　　文案编辑 / 赵　轩

版　　次 / 2020 年 6 月第 1 版　2020 年 6 月第 1 次印刷　　责任校对 / 刘亚男

定　　价 / 50.00 元　　　　　　　　　　　　　　　　责任印制 / 李志强

传统的 CNC（计算机数字控制）系统（以 FANUC 等系统为代表）一般采用专用的封闭式体系结构，其体系结构是专用的、互不兼容的。随着现代计算机网络技术、现代通信技术和现场总线控制技术的飞速发展，智能化已融入工业生产的方方面面，因此数控机床的智能化程度也越来越高。智能机床在传统数控机床的基础上增加了用户界面的图形化和可视化，操作者可以通过窗口和菜单进行操作，通过人机交互界面实现零件快速编程、参数自动设定、刀具补偿和管理，以及加工过程仿真演示等功能。智能机床可以与数字化车间的机器人进行交互并具有与 MES（制造企业生产过程执行系统）、WMS（仓库管理系统）互联互通的功能。

数字化工厂是真正意义上将机器人、智能设备和信息技术三者在制造业完美融合的产物。它涵盖了制造的物流和信息流等环节，主要解决了工厂、车间和生产线，以及产品涉及的制造实现的转化过程，完成了由传统的经验和手工方式向计算机辅助数字仿真与优化的蜕变。

智能机床是数字化工厂设备层最基本和最核心的组成要素，也是数字化工厂信息采集和控制的基本单元。在智能机床上采用马波斯、雷尼绍测头系统，可在智能机床上快速、准确测量工件的位置，直接把测量结果反馈到数控系统中修正智能机床的工件坐标系，这能简化工装夹具，节省夹具费用，缩短智能机床的辅助时间，大大提高智能机床的切削效率，并且可使切削余量均匀、切削过程平稳。在利用刀具半径补偿的批量加工过程中，智能机床还可利用测头自动测量工件的尺寸，根据测量结果自动修正刀具的偏置量，以保证工件的尺寸及精度的一致性。

随着"工业4.0"和"中国制造2025"的提出，制造业已经进入了新的发展阶段。以数字化工厂柔性加工生产线对机械零件智能化加工为主要特征的新一代智能制造业正在不断发展。与传统制造相比较，智能制造的诸多优点在科学技术现代化的发展进程中发挥着越来越重要的作用。离散型智能制造作为智能制造 5 种模式之一，是智能制造重要的组成部分，而具有自感知、自决策的开放式智能机床将成为未来制造业的发展趋势。

鉴于目前数字化工厂中具有智能制造功能的机床教学资源严重不足，本编写组决定编写《智能机床与编程》一书，力求奉献给读者一本比较完善的教科书。本书的主要特点是：始终遵循高等教育人才培养目标及培养规格的要求，适应应用型人才培养模式，理实一体，学用结合，追求实效。本书理论部分以"必需、够用"为度，精选必需的理论知识和大量的实际案例。每一项目配有"项目目标""任务列表""任务导入""知识平台"，以及"练习与提高"内容，使学生明确该项目的学习任务和知识脉络。本书共分 8 个模块、13 个项目、27 个任务。

本书的编写分工如下：第 1 章、第 2 章、第 6 章由沈阳工学院赵科学，沈阳机床股份有限公司王冠编写；第 3 章由沈阳工学院徐彬，沈阳实力宝洋机电设备有限公司佟颖编写；第 4 章和第 5 章由沈阳工学院宋飞，沈阳机床股份有限公司程娜编写；第 7 章、第 8 章由沈阳工学院陶林、郑智，沈阳机床股份有限公司王天东编写。

本书书稿承沈阳机床股份有限公司刘春时，东北大学朱立达教授，沈阳圣凯龙机械有限公司韩洪权，沈阳理工大学史安娜教授，沈阳工学院李康举教授、公丕国教授精心审阅，他们提出了许多宝贵意见，在此表示衷心感谢。

由于编者的知识水平和实践经验有限，本书虽经多番修改，不妥之处仍难以避免，在此恳请广大读者指正。

编　者

2019 年 11 月

目　录

模块一　智能机床认知

模块二　智能机床回转体零件车削加工

模块三　智能机床轴套类组合件的车削加工

模块四　智能加工中心平面型腔零件的铣削加工

模块一

智能机床认知

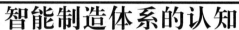

项目一
智能制造体系的认知

项目目标

◆ 了解智能制造的发展历史及背景。
◆ 了解智能工厂的基本概念、智能机床的特点。
◆ 掌握智能机床与普通数控机床的区别，并了解智能机床的基本分类。
◆ 掌握智能机床的基本应用范围及加工对象。

任务列表

学习任务	知识点	能力要求
任务一 智能制造及智能机床的认知	智能机床、智能制造、智能工厂的基本概念、特点	了解智能制造的基本概念、智能机床的特点
任务二 智能机床的型谱认知	智能机床的型谱	掌握智能机床的基本分类以及型谱
任务三 智能机床的应用认知	智能机床的基本应用范围	掌握智能机床的基本应用范围及加工对象

任务一　智能制造及智能机床的认知

任务导入

请同学们讨论什么是智能制造？请列举下面数字化智能工厂（如图 1.1.1 所示）的特征。

图 1.1.1 数字化智能工厂

知识平台

1. 智能制造及智能机床的发展历史及背景

在 2015 年的中国国际机床展览会（CIMT2015）上，沈阳机床集团在展会现场展出了一台基于工业互联网的 i5M1 智能机床，如图 1.1.2 所示。参加会议的观众可以将自己的星座、生肖、英文签名通过手机 App 下单，信息同步到网络云端，同时根据用户的所在区域沈阳、临沂、青岛等十多个机床 4S 店进行用户定制工艺品烟灰缸的加工。在展会结束之后，用户回到所在地区，即可根据所填信息到本区域 4S 店领取。这是国内第一次体现智能机床概念的展示，充分体现了智能机床和智能制造的特点：分级式管理、分布式生产、分享式经济。

图 1.1.2 i5M1 智能机床

智能制造是在现代传感技术、网络技术、自动化技术和人工智能的基础上，通过感知、人机交互、建模和仿真形成决策；再通过执行和反馈，实现机床设计过程、制造过程、企业管理服务的智能化。

智能制造是将先进制造业与通信技术、计算机技术结合，是以 ICT 系统和 CPS 为框架的先进制造技术。

将重复、烦琐的人工劳动转化为以工业机器人为核心的智能制造是未来的发展趋势。

智能制造是中国制造业转型升级的必然性，中国也提出了"中国制造2025"战略。《中国制造2025》提出，坚持"创新驱动、质量为先、绿色发展、结构优化、人才为本"的基本方针。无论是美国的CPS、还是德国的"工业4.0"、还是中国的"中国制造2025"都需要针对消费需求的个性化，要求传统制造业突破现有的生产方式与制造模式，根据消费需求海量数据与信息，进行大数据处理与传递；而在进行这些非标准化产品生产过程中产生的生产信息与数据也是大量的，需要及时收集、处理和传递。这两方面大数据信息流最终通过互联网在智能制造设备交汇，由智能制造设备进行分析、判断、决策、调整、控制开展智能制造过程，确保生产出高品质个性化产品。这就决定了互联网、信息技术与制造业融合后，最终形成新一代互联的智能制造工厂（系统）以替代今天的生产体系。因此，应寻找智能制造设备与信息技术融合性的突破点，大数据建立与分析应用的突破点，做到互联网应用技术的升级，培养信息技术与制造技术结合的复合型人才。

针对国家智能制造人才的培养目标，相应的技能大赛也应运而生。2017年12月，我国人力资源社会保障部在广东惠州举行了"中国技能大赛——全国智能制造应用技术技能大赛"，赛场布局如图1.1.3所示。技能大赛的布局为一台车床、一台铣床、一台带"地面导轨"的七轴机器人、料架，以及带MES的电脑。比赛主要流程为：首先，机器人在料架进行RFID（射频识别）；然后，机器人夹取毛坯到一序车床加工，并进行在机测量，测量后机器人将毛坯取回到料架；最后，机器人夹取一序加工的零件在二序加工中心加工。全程使用总控PLC控制，实现无人化的智能加工、图像监控、零件序中尺寸检测，以及零件出入料库的信息识别。

图1.1.3 中国技能大赛的赛场布局

比赛分切削加工智能生产单元生产与管控赛项、切削加工智能生产单元安装与调试赛项，如表1.1.1所示。

表1.1.1 中国技能大赛设置的任务

切削加工智能生产单元生产与管控赛项	切削加工智能生产单元安装与调试赛项
智能制造基本单元检测	数控机床的安装与调试
零件数字化设计与编程	在线检测单元的安装与调试

切削加工智能生产单元生产与管控赛项	切削加工智能生产单元安装与调试赛项
设备层数据的采集和可视化	工业机器人的安装调试与编程
智能制造系统编程与调试	智能制造控制系统的安装与调试
零件的智能加工与智能管控	可视化系统的调试
零件在线检测	规定零件的切削运行
职业素养与安全操作	职业素养与安全操作

2. 智能工厂的模式及特点

中国智能工厂的发展和特点：智能工厂在发展初期智能工厂经历了两个阶段，第一个阶段是单一化，从解决生产单一的问题和与直接生产人力相关的问题入手，针对人工劳动强度较大，人力配置及生产成本较高的生产环节，开发功能单一的自动化设备，以节省直接生产人力；第二个阶段是实体设备连接化，进行工厂生产制程连接化的整体规划，为降低车间物流人力，规划并开发了自动化物流线、自动导引运输车（Automated Guided Vehicle，AGV）等自动物流技术，将车间里一个个孤立的生产设备、工站等，有机连接起来，以减少中间环节，缩短产品物流周期，使加工、装配、检测、物流、取放物料等生产过程融为一体。工厂生产连接化的规划及自动物流技术的广泛应用，不仅有效减少了物流等间接生产人力的需求，同时也缩短了生产周期，使物料可以准确、连续、及时地在各工站之间进行自动传递对接。工业机器人的生产应用，使智能工厂的发展十分迅速。机器人配合自动化设备，在生产各环节中大量渗透应用，替代人工操作设备，进行直接生产，使人力的需求大幅度减少，是智能工厂在这一时期发展的特点。机器人在车间内有序地运行，使车间成为机器人的天下，生产过程蔚为壮观。智能工厂通过这两个阶段的发展，生产全过程渗透，全面增强了规模化生产的技术经济实力。自动化设备和工业机器人的大量生产投入，大幅度降低了直接和间接生产人力的需求，在解决企业的"用工荒""人性化"等与生产人力相关的问题上，发挥了重要作用。

智能工厂在进入第二个阶段，形成实体化连接后，仍然需要较多的生产技术管理人员，手工采集生产数据，制订生产计划，协调生产进度，优化生产工艺，以及改善管理方式。技术管理人员的生产参与度，手工报表的准确性、及时性，决策的可靠性等方面，成为影响生产管理和企业发展的重要因素。生产的理念、方法按照既定的工艺流程、生产节拍（T/T）、CNC加工等技术参数，对CNC生产过程进行整体规划。通过对各生产环节进行工作研究和时间动作分解，分析并优化生产过程，制定整体生产运行方案，提出满足时间动作的技术要求。

智能工厂也称为智慧工厂，它的建立是以提升资源利用率和生产效率为价值目标，创造出不断挖掘新型工业化潜力的精益化生产环境，以生产制造、自动化等刚性技术为基础，以企业文化、精益生产等软性指标为核心，在"工业4.0"的推动下，通过建立"自动化＋互联网＋精益生产"的工厂生态循环系统，将全部生产要素（工艺、设备、资源、信息、产品和人等）融入互联网络，以无线或有线方式，点对点交换信息，进行实时数据采集、运转监控、分析改善，使生产运行持续、稳定的提高。i5 智能工厂的建立公式即"自动化+互联网+精益生产＝智能工厂"，如图 1.1.4 所示。

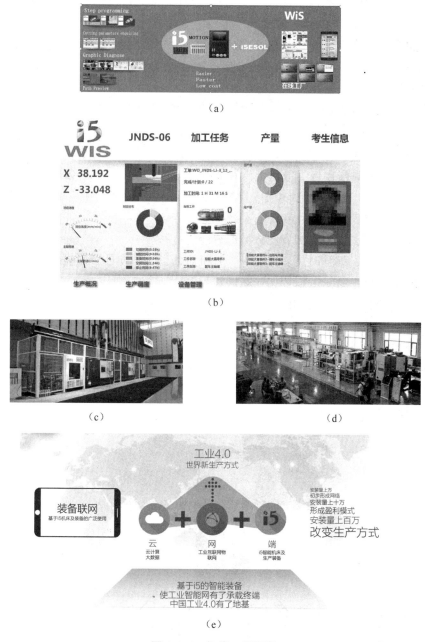

图 1.1.4 智能工厂案例

（a）i5 智能机床的运作模式；（b）i5 智能工厂模式在 2016 辽宁省数控大赛的展示；

（c）桁架机器人自动化工厂；（d）i5 数字化工厂；（e）i5 智能工厂体系。

3. 智能机床的特点

i5 数控机床是沈阳机床经过 5a 研发并于 2015 年量产的新一代数控机床。沈阳机床开发的 i5 数控机床正是基于当代互联网环境下的、以行业应用为基础的新一代数控机床，即工业化（industrialization）、信息化（informatization）、网络化（internet）、智能化（intelligentialize）、集成管理化（intergration），这 5 个代表未来数控机床发展方向的英文单词的首字母都是 i。i5 数控机床也是集成了以上特点，体现了未来数控机床智能化的发展方向。在机床的命名上也是以 i5 作为机床名称的开头，比如 i5T3。所以 i5 数控机床也被称作 i5 智能机床。

智能机床相比于传统数控机床，具有以下特点：

（1）实现制造过程透明，成了一台智能终端，方便加工零件，产生服务于管理、财务、生产、销售的实时数据；

（2）实现设备、生产计划、设计、制造、供应链、人力、财务、销售、库存等一系列生产和管理环节的资源整合与信息互联，为实现智能制造提供精准的数据依据，成为新制造业态的基础。

智能机床具体的特点如下：

（1）操作智能化，操作更加方便，类似智能手机；

（2）编程智能化，编程时更多地加入了人机对话以及方便的图形模拟画面；

（3）维护智能化，维护可以依据互联网进行；

（4）管理智能化，与车间 MES 结合，利用智能手机、平板都可以实现在线监控，让生产管理更透明、智能。

除此以外，作为智能工厂的一个智能终端，i5 智能机床还可以通过智能化的检测设备快速方便地进行工件加工序中、序后精度检测、反馈；可以通过移动网络进行网上报修、计算机辅助制造（CAE）、数模转化加工程序、工艺信息共享等功能，i5 智能机床的特点如图 1.1.5 所示。

图 1.1.5　i5 智能机床的特点

西门子智能机床源于"工业 4.0"背景下德国工程人才培养理念。覆盖产品设计—生产规划—生产工程—生产执行—服务的全价值链，形成完整的德国先进制造业链背景。西门子智能机床参照工业技术标准及系统环境，依托机电一体设计制造过程，不仅可应用于整个设备研发阶段，还可以用于工科技术技能型人才的教学培训培养过程。它彻底提升了机械装备制造业企业附加值，是贯穿设计—调试—制造全产业链的重要技术。数控数字化双胞胎分为"虚拟调试"及"虚拟机床"两类，分别服务于产品研发、设计、调试、维护，加工编程与制造工艺两个方向。在数控设备设计、调试及加工与制造过程中借助西门子智能机床可以实现产品研发、设计、生产直到服务的全过程，从而缩短设计及研发周期，提高调试成功率，提高生产力、可用性和过程可靠性，优化加工精度、加工过程乃至维护和服务效率，并降低成本。这些优势在新产品研发、小批次、定制化产品的生产中更为明显。图 1.1.6 是西门子智能机床虚拟调试场景。

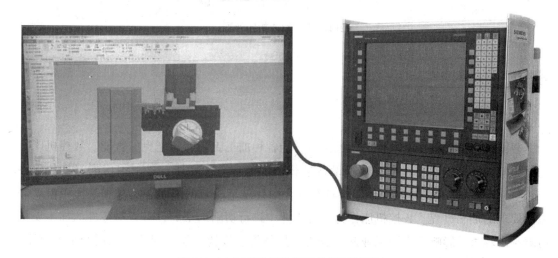

图 1.1.6 西门子智能机床虚拟调试场景

练习与提高

1. 请对智能机床进行定义。
2. 请对智能工厂的模式进行总结。
3. 请对 i5 智能机床的特点进行说明。
4. 请对西门子智能机床的应用进行说明。
5. 请描述智能制造的发展趋势。

任务二 智能机床的型谱认知

任务导入

请对图 1.1.7 中机床的机床类型、型谱、加工范围进行说明。

图 1.1.7　智能机床外观

◼️◼️◣ 知识平台 ----

1. 智能机床的介绍

智能机床是配置智能系统的数控机床，让各种加工工艺的实施更加智能。数控机床是通过数字控制系统来控制金属切削设备进行切削加工。切削加工是利用切削刀具从工件（毛坯）上切去多余的材料，使零件具有符合图样规定的几何形状、尺寸和表面粗糙度等方面要求的加工过程。数控机床作为一种工业中进行切削加工的设备，对零件的加工质量有着举足轻重的影响。中国工业起步较晚，虽然发展较快，但与国外相比还有很大差距。经过多年来的不断努力，国产数控机床已广泛应用于精密机械、3C 产品、汽车，以及工程机械、军工等领域，并逐步替代了进口产品。

目前，数控机床正朝着高精度、高效率、自动化、柔性化和智能化方向发展，刀具材料朝着超硬方向发展，陶瓷、聚晶金刚石、聚晶立方氮化硼等超硬材料将被普遍应用于切削加工，使切削速度迅速提高到每分钟数千米。切削加工将被融合到计算机辅助设计与计算机辅助制造、计算机集成制造系统等高新技术和理论中，实现设计、制造和检验与生产管理等全部生产过程自动化。

数控机床与普通机床相比，具有以下特点：

（1）适应性强，适应性是指数控机床随生产对象变化而变化的适应能力；

（2）精度高，工作过程是自动的，不需要人工干预，且通过实时检测装置来修正或补偿，以获得更高的精度；

（3）效率高，数控机床可以采用较大的切削用量，而且具有自动换速、自动换刀和其他辅助操作自动化的功能；

（4）减轻劳动强度，改善劳动条件；

（5）有利于生产管理的现代化。

数控机床可以分为以下 3 种。

（1）刀具回转进行加工的机床，如数控铣床、加工中心。

（2）工件回转进行加工的机床，如数控车床、外圆磨床。

（3）刀具、工件都不回转进行加工的机械，如线切割机床、激光加工机床。

2. i5 智能机床分类

i5 智能机床产品平台是一种产品结构形式，具有系列产品通用性及行业功能模块扩展性特点，并遵循零部件结构极简与数量极少的设计原则，i5M4.5 型谱如图 1.1.8 所示，i5 智能机床型谱如图 1.1.9 所示。

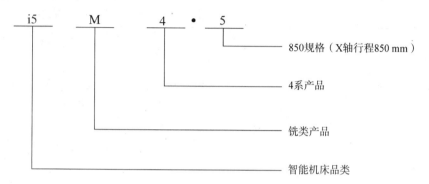

图 1.1.8　i5M4.5 型谱

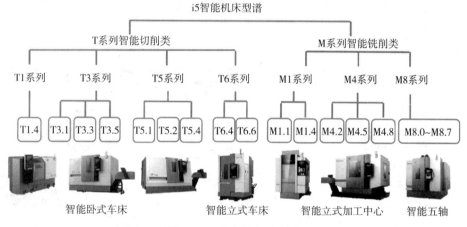

图 1.1.9　i5 智能机床型谱

智能机床命名要体现出以下含义：

（1）智能机床新品类；

（2）机床的类型；

（3）机床结构平台。

智能机床代码说明如表 1.1.2 所示。

表 1.1.2　智能机床代码说明

序号	名称	代码	代表含义及命名说明
1	机床品类	i5…	智能机床品类代码，目前是 i5 类
2	类代码	T/M/…	代表机床类别：车削类别/铣削类别/……
3	系代码	1、2、3、…、9	代表机床的结构形式，称为产品平台，反映产品定位
4	型代码	1、2、3、…	代表产品的一种规格，与系代码和类代码一起表示某产品平台的一种规格，称为此规格的平台标准机型

3. 西门子智能系统（虚拟调试）

虚拟调试（Virtual Commissioning）基于数字化的数控设备模型及设备设计信息，从数控系统端出发，结合了数字化的机械设计和电气及自动化控制，可以在不需要真实物理机械结构，仅需 3D 设计模型的前提下与真实数控系统结合，进行运动及编程仿真、测试、优化，实现机床高效快速调试。部分样机安装调试时间下降 50% ~ 65%。从而有效缩短上市时间，确保数控样机或设备（数控机床、数控机器人、数控相关的自动化设备）的"无差"设计，提高试制成功率，节约设备设计开发或改造调整成本，同时可以实现远程调试及维护。虚拟调试常用于航空航天、船舶、机床、机械制造、自动化单元等样机的研发、设备改造、远程维护领域，覆盖产品设计—生产规划—生产工程—生产执行—服务的全过程，从而实现机床设计、调试、加工的智能化。西门子数控系统是虚拟调试的硬件基础，如图 1.1.10 所示。

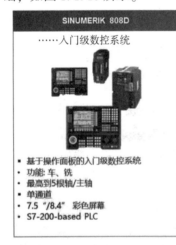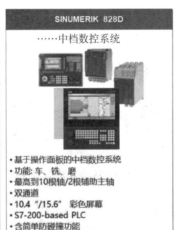

图 1.1.10　西门子数控系统

练习与提高

1. i5 机床的 5 个 i 表示什么含义？

2. 虚拟调试的内容是什么？

3. 请查阅相关资料对智能机床的特点进行说明。

任务三 智能机床的应用认知

任务导入

请举出智能机床具体的应用案例。

知识平台

以 i5 智能机床为例，其可分两大类，分别是 T 系列和 M 系列，分别代表车和铣。

1. T1 智能机床

i5T1 智能机床的特点是：前置刀架智能机床产品，定位通用工具机，其切削直径小于 400 mm，长度小于 650 mm，主要加工短轴套类产品，如法兰、轴套类零件等。法兰、轴套类零件外观见图 1.1.11。

图 1.1.11 法兰、轴套类零件外观

2. T3 智能机床

i5T3 智能机床的特点是：通用型智能机床。该机床的配置为后置刀架、斜床身平床鞍结构，定位为加工通用类产品，下分 T3.1、T3.3、T3.5，3 种类型之间的主要区别在盘类零件的切削直径。i5T3 智能机床可进行轴盘类零件切削，典型加工产品包括轴承、齿轮、传动轴类零件等。轴承、轴套、十字轴、花键轴零件外观如图 1.1.12 所示。

图 1.1.12 轴承、轴套、十字轴、花键轴零件外观

3. T5 智能机床

i5T5 智能机床的特点是：全机能智能机床。该机床为刀架后置、整体斜床身、后置刀架产品，定位为轴类零件切削专家。若零件切削长度小于 350 mm 推荐机型 i5T5.1；若零件切削长度小于 500 mm 推荐机型 i5T5.2；若零件切削长度小于 1 500 mm 推荐机型

i5T5.4。典型加工产品包括液压件、曲轴类零件等。i5T5 智能机床还可配智能尾座，进行长轴类零件的顶紧压力的智能调节。液压缸套和曲轴外观见图 1.1.13。

图 1.1.13　液压缸套和曲轴外观

4. 智能立式机床

i5T6（i5V2）智能立式机床的特点是：一种立式机床，定位为盘类零件的切削专家。其典型加工产品包括汽车的轮毂、铝合金轮辐、皮带轮、转向节，以及减速机壳体等典型零件。汽车的轮毂、减速机壳体、轮辐、皮带轮外观如图 1.1.14 所示。

图 1.1.14　汽车的轮毂、减速机壳体、轮辐、皮带轮外观

5. 智能高速钻攻中心

智能高速钻攻中心主要应用于加工珠宝行业饰品，以及手机、平板电脑等消费电子类产品的外壳、中框、按键等小型金属零部件。智能高速钻攻中心结构紧凑，身材小巧，快如闪电，占地面积小，可将加工效率、精度、产品表面光洁度提升到极致。

智能高速钻攻中心定位于 3C 产品的切削专家。智能高速钻攻中心为智能手机行业的切削专家，按工作台尺寸的不同分 i5M1.4 和 i5M1.1 两种类型，其典型加工零件包括卡托、屏幕模组、机壳等智能手机零件。智能手机卡托、屏幕模组、开关键、音量键、主板外观如图 1.1.15 所示。

图 1.1.15　智能手机卡托、屏幕模组、开关键、音量键、主板外观

6. 智能加工中心

i5M4 智能机床的特点是：通用智能立式加工中心。该机床主要应用于汽车、摩托车零部件及通用型零件的加工，性价比高，性能稳定，95.5 N·m 的超大扭矩可使粗加工强壮有力，同时机床标配智能误差补偿功能，可确保精加工精确无比。i5M4 智能机床定位于全能铣削专家，按工作台的尺寸以及 X、Y、Z 轴行程分 M4.2（X 轴行程 580 mm）、

*M*4.5（*X*轴行程850 mm）、*M*4.8（*X*轴行程1 300 mm），其典型加工零件涉及汽车、模具、能源、军工等行业。汽车发动机缸体、模具、军工产品、阀体、汽车刹车盘外观如图1.1.16所示。

图1.1.16 汽车发动机缸体、模具、军工产品、阀体、汽车刹车盘外观

7. 智能五轴立式加工中心

i5M8智能机床的特点是：智能五轴立式加工中心。该机床可进行多种加工类型的转换，五轴五面，变化多端，任意组合；i5M8的基本框架布局为门式结构，通过不同的配置，针对不同的加工需求，可以衍生出不同系列机床，以多端变化，带来超强适应性，最大限度满足不同加工需求。i5M8智能机床根据不同功能模块可以进行不同类型的组合，既可以作为三轴立式加工、机床加工，也是一台龙门动梁结构的摇篮式五轴机床，实现复杂曲面及腔体的切削。其典型加工零件包括叶轮、曲面模具等，是世界首创平台型智能机床和多工序集成专家。叶轮、腔体模具、轮胎模具外观如图1.1.17所示。

图1.1.17 叶轮、腔体模具、轮胎模具外观

练习与提高

1. 请问车削机床和铣削机床有哪些区别？

2. 智能立式机床的加工对象有哪些？

3. 智能高速钻攻中心一般的加工对象有哪些？

4. 请问图1.1.18中 ϕ100 mm差速器壳体零件选用哪种i5智能机床进行加工？并说明原因。

图1.1.18 ϕ100 mm差速器壳体零件

 项目二
智能系统认知

◤◢◣ **项目目标** ----

◆ 了解 CNC 系统的一般组成及硬件结构。
◆ 掌握智能 CNC 系统的结构及硬件连接。
◆ 掌握智能机床的 PLC 卡、DAC 卡、数字伺服驱动器的硬件接口定义。
◆ 了解 CNC 系统插补及伺服控制的原理。
◆ 掌握智能机床系统的特点及系统互联互通的方法。

◤◢◣ **任务列表** ----

	学习任务	知识点	能力要求
任务一	智能系统硬件及连接结构认知	掌握 CNC 系统的结构及硬件连接	了解 CNC 系统的一般组成及硬件结构，以及智能系统的硬件连接
任务二	i5 系统软件结构基础认知	掌握智能机床系统的特点	了解 i5 系统的特点，掌握 i5 系统版本的获取方法

任务一 智能系统硬件及连接结构认知

◤◢◣ **任务导入** ----

i5T3 机床系统电气柜如图 1.2.1 所示，请将其中电气柜内的电气元件进行标识，并对 PLC 卡、DAC 卡、驱动模块的接口进行说明，论述以上电气元件与系统的连接关系。

图 1.2.1 i5T3 机床系统电气柜

知识平台

1. CNC 系统概要

NC 是 Numerical Control（数值控制）的缩写，NC 系统是自动控制机床工作台，刀架等位置和速度的装置。NC 系统以前是由晶体管、IC 等电子元件构成的。随着微型计算机的出现，由计算机组成的 NC 系统并进一步商品化，这种 NC 系统称为 CNC（Computerized Numerical Control）系统。CNC 系统的第一个 C 是内装计算机的意思。

在控制器的构成方面 NC 系统和 CNC 系统的不同点如下。

1）硬件 NC 系统

（1）运算和控制的顺序回路是由晶体管、二极管、电阻、电容等电子元件构成的。

（2）扩展功能依赖控制回路（硬件），因此功能的扩展受限制。

2）软件 NC（CNC）系统

（1）内部装有小型计算机、微型处理器和存储回路。运算及控制逻辑等大部分 NC 系统功能均由软件处理。

（2）扩展功能主要由软件进行，扩展性好，这是较大的特点。

CNC 是集成了多学科的综合控制技术。

如图 1.2.2 所示，一台 CNC 系统包括以下几个部分：

（1）CNC 系统控制单元（数值控制器部分）；

（2）伺服驱动单元和进给伺服电动机；

（3）主轴驱动单元和主轴电动机；

（4）PLC；

（5）机床强电柜（包括刀库）控制信号的输入/输出（I/O）单元；

（6）机床的位置测量与反馈单元（通常包括在伺服驱动单元中）；

（7）外部轴（机械）控制单元，如刀库、交换工作台、上下料机械手等的驱动轴；

（8）信息的输入/输出设备，如电脑、磁盘机、存储卡、键盘、专用信息设备等；

（9）网络，如以太网、HSSB（高速串行总线）、RS-232C 口等加工现场的局域网。

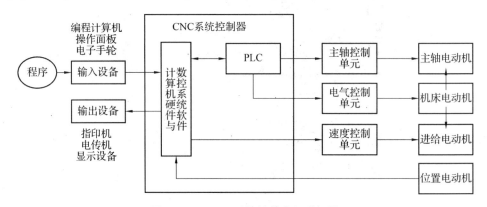

图 1.2.2 CNC 系统的基本组成框图

2. i5 系统的特点

i5 系统作为一种 CNC 系统，其特点如下：

（1）先进的信息技术——车间生产管理系统不同 i 平台，引领生产模式的变革；

（2）高端的技术平台——基于 PC、全数字总线技术、高速高精、智能化定制工具，代表着技术发展的方向、高开放性；

（3）兼容模拟量控制方式和全数字控制方式；

（4）基于 PC 的数控技术；

（5）EtherCAT 实时总线通信技术；

（6）数字伺服运动控制技术；

（7）覆盖产品全生命周期的智能化功能。

1）i5 系统基本构架

i5 系统是基于 PC 的第六代数控产品，代表着数控技术的发展方向，十分方便地根据客户需求进行客户化定制，开发各种智能化工具方便用户使用，如图 1.2.3、1.2.4、1.2.5、1.2.6 所示。

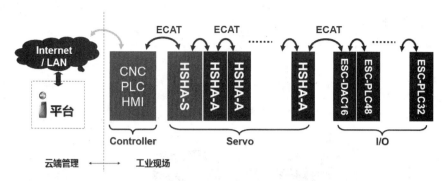

图 1.2.3　i5 系统基本架构

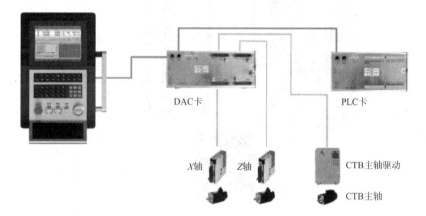

图 1.2.4　i5T3 模拟量解决方案

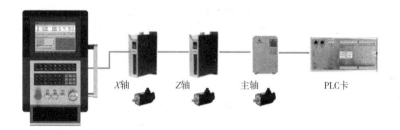

图 1.2.5　i5T5 HSHA 伺服数字量解决方案

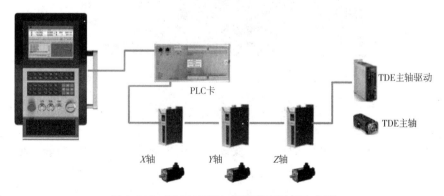

图 1.2.6　i5M4 HSHA 伺服数字量解决方案

2）i5 系统硬件接口

（1）i5 系统硬件接口如图 1.2.7 所示。

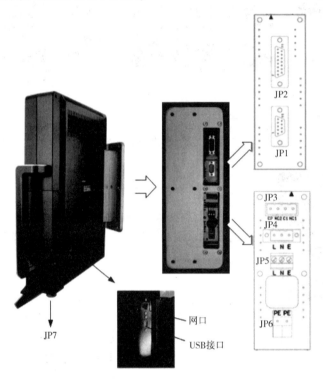

JP1—EtherCAT 通信接口；JP2—i-Port 网络端口；JP3—急停接口；JP4—外部 220 V AC 电源接口；

JP5—内置电源模块；JP6—接地；JP7—手持设备接口，32 针母头连接器。

图 1.2.7　i5 系统硬件接口

（2）DAC 卡。DAC 卡是数控系统与模拟量驱动之间的数模转换装置，它将数控系统的数字量命令转换成模拟量电压发给模拟量驱动（目前车床中与超同步主轴和安川 Sigma5 伺服驱动配合使用）。四通道 DAC 卡如图 1.2.8 所示。

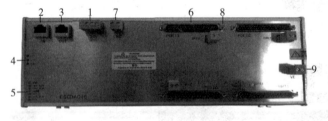

1—电源接口；2—ECAT 总线输入接口；3—ECAT 总线输出接口；4—总线状态指示灯；

5—板卡状态指示灯；6—伺服接口；7—急停按钮接口；8—抱闸信号输出接口；9—外编码器电源。

图 1.2.8　四通道 DAC 卡

（3）PLC 卡。PLC 卡（见图 1.2.9）实现对外围电路的输入/输出功能，输入电流为 24 V（若输出负载较大，则尽量使用两个+端子供电）。

建议 IN 端口接入前方 ECAT 控制站的输出端口，OUT 接入后方 ECAT 控制站的输入端口。

PLC32：32 个输入接口，32 个输出接口；PLC48：48 个输入接口，48 个输出接口。对应接口逻辑电平"1"时，对应状态指示灯 LED 发光，否则对应 LED 灯熄灭。

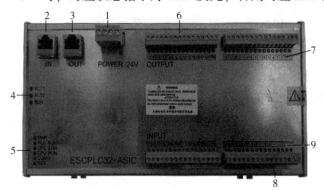

1—电源接口；2—ECAT 总线输入接口；3—ECAT 总线输出接口；4—总线状态指示灯；5—板卡状态指示灯；
6—数字量输出接口；7—数字量输出状态指示；8—数字量输出接口；9—数字量输入状态指示。

图 1.2.9　PLC 卡

（4）HSHA 驱动器（应用于数字量控制模式）如图 1.2.10 所示。

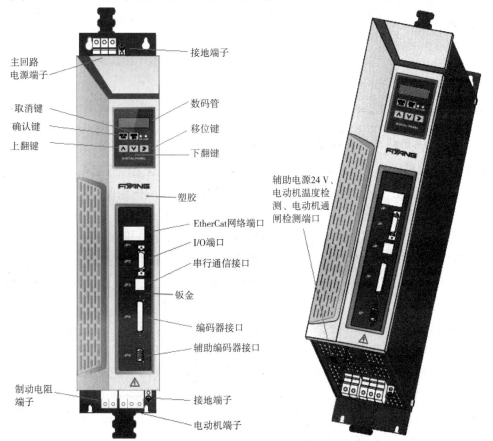

图 1.2.10　HSHA 驱动器

■■■＼ **练习与提高** ----

1. i5 系统一般由（　　）、（　　）、（　　）和（　　）组成。
2. 试说出 i5 系统的 PLC 卡、DAC 卡和伺服驱动器的作用。

任务二　i5 系统软件结构基础认知

■■■＼ **任务导入** ----

请说明下面这些指令是如何在机床上执行并解释其原理，程序示例如下。

```
G95
M3 S1000;
G00 X100 Y100
G00 Z-5
G01 X-100 F0.1
M30
```

■■■＼ **知识平台** ----

1. CNC 系统插补与位置控制指令的原理

CNC 系统对机床的坐标运动进行控制。在控制原理上，这是位置量控制系统，需要控制的是几个轴的联动，运动轨迹（加工轮廓）的计算，最重要的是保证运动精度和定位精度（动态的轮廓几何精度和静态的位置几何精度）、各轴的移动量（mm）、移动速度（mm/min）、移动方向、启/制动过程（加速/减速）和移动的分辨率。

现代 CNC 系统是纯电气控制系统。进给轴的移动由伺服电动机执行。通常，一个进给轴由一个伺服电动机驱动，电动机由伺服放大器供给动力，伺服放大器由 CNC 系统插补器的分配输出信号控制。

CNC 系统对机床进给轴的控制，是执行事先编写好的加工程序指令。程序指令内容是按零件的轮廓编写的加工刀具运动轨迹。程序是根据零件轮廓分段编写的，一个程序段加工一段形状的轮廓。轮廓形状不同，使用不同的程序指令（零件轮廓形状元素）。例如：G01——直线运动指令；G02——顺时针圆弧运动指令；G03——逆时针运动圆弧指令；G32（G33）——螺纹加工……。但是，在一段加工指令中，只是编写此段的走刀终点。例如，下面一个程序段要加工 XY 平面上一段圆弧，程序中只指令了终点的坐标值，其具体程序示例如下。

G90 G17 G02 X100 Y-200 R50 F500

在此程序段中起点已在前一段编写，就是前段的终点。因此，加工此段时，CNC系统控制器即计算机处理器只知道该段的起点和终点坐标值。段中刀具运行轨迹上的其他各个点坐标值由处理器计算出来。处理器是依据该段轮廓指令（G02）及起点、终点坐标值计算的，即必须算出希望加工的工件轮廓，算出在执行该段指令过程中刀具沿 X 轴和 Y 轴同时移动的中间各点的位置。X 轴和 Y 轴的合成运动即形成了刀具加工的工件轮廓轨迹。除此之外，在程序中必须指令运动速度（加工速度），如 F500。在位置计算时，要根据轮廓位置算出对应点的刀具运动方向速度。此例中是分别算出沿 X 轴各点的对应速度和沿 Y 轴各点的对应速度。实现上述运算的机构称之为插补器。

2. 插补脉冲的分配输出

经过插补运算，算出了加工所要求的工件形状在同一时间周期（插补周期）内各个坐标轴移动的距离（移动量），它是以脉冲数表示的。如：在本插补周期内 X 轴进给 25 个"脉冲"；Y 轴进给 50 个"脉冲"，分别送给对应的坐标轴作为相应轴的位置移动指令。脉冲序列有正负号，指令对应轴的运动方向；脉冲序列按一定的频率输出，指定该进给轴的运动速度。这一装置叫作脉冲分配器，如图 1.2.11 所示。

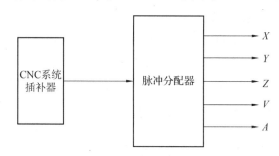

图 1.2.11 脉冲分配器

为了防止产生加工运动的冲击、提高加工精度和光洁度，在脉冲分配给各进给轴之前，要对进给速度进行加/减速。CNC系统可实现两种加/减速控制，分别是插补前加/减速和插补后加/减速。插补后加/减速通常用直线型或指数型加/减速方法，指数型加/减速方法得到的速度变化比较平滑，因而冲击小，但是速度指令的滞后较大。相反，直线型加/减速方法得到的速度变化迅速，时间常数设得较小时会造成冲击，引起机床的震动。但是，加工出的零件轮廓可能与编程的轮廓接近。

插补前用直线型加/减速方法，这样可以减小加工的形状误差。除此之外，为了提高加工精度和加工速度，还开发了预读/预处理多个程序段、精细加/减速等 CNC 系统软件。

3. 运动误差的补偿

1）运动轴反向时的间隙补偿（失动量补偿）

在机床工作台的运动中从某一方向变为相反方向的反向时刻，会由于滚珠丝杠和螺母的间隙或丝杠的变形而丢失脉冲，就是所说的失动量。在机床上"打表"实测各轴的反向移动间隙量，根据实测的间隙值用参数设定其补偿量——补偿脉冲数。这样，在工作台反向时、执行 CNC 系统的程序指令前，CNC 系统将补偿脉冲经脉冲分配器按事先设定的速率输出至相应轴的伺服放大器，对失动量进行补偿。

反向间隙值与工作台的移动速度有关，设定相关参数，CNC 系统可以对 G00（快速移动）和进给速度（F）下的间隙分别进行补偿。

2）螺距误差补偿

机床使用的滚珠丝杠，其螺距是有误差的。CNC 系统可对实测的各进给轴滚珠丝杠的螺距误差进行补偿。而这通常是用激光干涉仪测量滚珠丝杠的螺距误差，测量的基准点为机床的零点。每隔一定的距离设置一个补偿点，该距离是用参数设定的。当然，各轴可以任意设定，比如：X 轴的行程长，设为 50 mm 补一个点，Z 轴行程短或是要求移动精度高，设为 20 mm 补一个点……。近来，CNC 系统开发了按工作台移动方向的双向螺距误差的补偿功能。进一步提高了进给轴的移动精度。i5 系统是具有双向螺距误差补偿功能的。

4. 进给伺服轴控制

机床工作台（包括转台）的进给用伺服机构驱动，目前都是电气化的，而且多数都是用同步电动机。电动机与滚珠丝杠直接连接，这样由于传动链短，运动损失小，且反应迅速，因此可确保高精度。机床的进给伺服属于位置控制伺服系统。输入端接收的是来自 CNC 系统插补器在每个插补周期内串行输出的位置脉冲。脉冲数表示位置的移动量（通常是一个脉冲为 1 μm——即系统的分辨率为 1 μm）；脉冲的频率（即单位时间内输出的脉冲数的多少）表示进给的速度；脉冲的符号表示轴的进给方向，通常是将脉冲直接送往不同伺服轴的指令输入地址端口。几个轴在同一插补周期内接收到插补指令时，由于在同一时间内的进给量（进给率）不同，进给速度不同，运动方向不同，其合成的运动就是曲线，刀具依此曲线轨迹运动即可加工出程序所要求的工件轮廓。对进给伺服的要求不只是静态特性，如停止时的定位精度、稳定度，更重要的是进给的伺服刚性好，响应快，运动的稳定性好，分辨率高，这样才能高速、高精度地加工出表面光滑的高质量工件。

主轴速度传感器与位置传感器之间的关系较为复杂。随着主轴电动机的转动，主轴速度传感器转一转发出 128、256、384 个，或 512 个脉冲（取决于电动机的型号），计算出主轴电动机的转数。若电动机与主轴间不是 1∶1 耦合，则必须在主轴上安装位置传感器，用位置传感器发出的一转信号测量主轴的转数。通常这种传感器是光电式的，转一转发出 1 024 个脉冲，此外还发出一个一转信号，其可实现螺纹加工和刚性攻螺纹，及加工中心机床换刀时的主轴定向。

5. 网络及 CNC 系统加工的总线信息工具控制

机械加工厂的网络一般可分 3 级：厂级网、加工单元级网和加工现场网。厂级网和加工单元级网目前多用以太网。加工现场网采用 i5 系统，可配 EtherCAT 总线、全新智能化定制工具，智能化定制更容易。自动识别导入的 CAD 模型的形状特征，自动排布加工工序并生成加工程序。i5 系统主要由两部分构成分别是 HMI 软件和内嵌 ST 语言的 i5PLC。i5 系统在 LINUX 下运行，上位和下位系统都处于同一个局域网。可以通过 i5 系统进行本身 IP 地址的查看，以及与其他设备的互联互通，具体操作为：

（1）通过文件执行器输入命令"sudo config"进行机床本身 IP 地址的查看；

（2）进行 IP 连通的命令为"ping + IP 地址"，如"ping 168.192.1.122"，当下面出现接收和发送数据时表示设备互联互通正常。

6. i5 系统的特点

i5 系统与传统数控系统相比有以下特点。

1）智能化特点

智能化特点如表 1.2.1 所示。

表 1.2.1　i5 系统的智能化特点

操作智能化	图形引导操作	通过图形引导用户操作，减少学习时间；防止误操作
	多种操作方式	既可通过触摸屏操作，也可使用面板一键直达；交互操作，方便快捷
	人机工程学设计	提高操作舒适度；降低劳动强度
编程智能化	多种加工循环	提供针对各类典型工序的加工循环；大大节省用户编程时间；提高程序可读性
	图形化引导编程	所有加工循环提供图形引导，用户不必花费精力记住各类参数；形象、直观、易于理解，防止误操作
加工智能化	图形模拟	提供逼真的加工模拟；可进行离线和在线的加工仿真；提供智能化的干涉检查功能
	工艺支持系统	提供丰富的加工工艺参数；降低对用户加工经验的要求；快速提升用户的加工水平
维护智能化	I/O 调试	实时查看 PLC 输入/输出点状态；方便维护人员进行 PLC 调试和故障检测
	图形化诊断	图形化显示故障部件；普通用户不必具备专业知识即能查找到故障源；便于故障的快速定位和排除
生产智能化	车间管理系统	可方便采集系统信息；生产状态监控，程序管理；集成统计分析和故障诊断等功能；实现车间级的智能化和信息化管理

2）易用性特点

易用性特点如表 1.2.2 所示。

表 1.2.2　i5 系统的易用性特点

		i5 系统	传统数控系统
易学习	易接受	全新的用户外观，触摸屏操作	传统外观，灰白屏幕
	易上手	全图形化的入门手册，有经验的用户 10 min 可上手	无

		i5 系统	传统数控系统
易操作	易使用	人机工程学设计，全键盘，操作舒适，降低劳动强度	传统布局，在使用舒适程度上欠缺考虑
	易对刀	图形化引导对刀，方便直观，即使是新手也不会出现对刀错误	相对而言对刀繁琐，新手最常出现的错误是因对错刀而引起撞刀，即使是经验丰富的操作人员也难免出错
易编程	易编写	加工循环图形引导	无
	易编辑	可直接在线对程序进行复制、剪切、粘贴、查找、替换等操作，各项操作快捷键与普通 Windows 系统相同，方便用户进行程序修改	无
	易保存	存储空间可达数吉字节，程序数目无限制	存储空间仅 40 M，最多 400 个程序
	易管理	用户可自定义程序名，并可在线修改程序名，便于程序的查询、记忆和追溯	用户必须按照一定规则命名，不易对程序进行查询、记忆和追溯
易维护	易备份	每天自动备份系统参数，当出现误操作和数据丢失时，可及时恢复	无
	易恢复	无须重启系统，使用系统自带的专用工具，可十分方便地从 U 盘或硬盘中恢复系统参数	必须重启系统，进入专门页面后从 CF 卡中恢复数据
	易联网	可用普通网线与外部电脑直连，直接传递数据，通过外部电脑可直接创建、修改、编辑程序文件夹下的程序	与电脑通信只能采用串口通信，设置不方便，新手未经培训未必会用且常出现连接不上的问题
	易用 U 盘	使用方法与普通电脑没有区别，简单易操作	使用不便，要严格按照步骤执行

7. i5 系统软件故障信息的获取

可以通过系统主界面的"触摸屏"，在屏幕上方进行 i5 系统软件故障信息的获取及故障诊断，报警页面如图 1.2.12 所示。

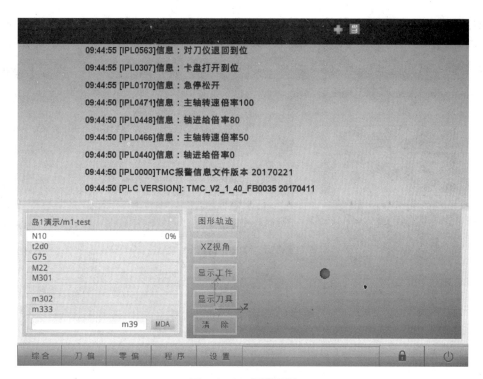

图 1.2.12 报警页面

再单击"故障"按钮可以进入图形诊断页面，进入相关部位可以进行故障的 PLC 信号诊断。图形诊断如图 1.2.13 所示，故障诊断如图 1.2.14 所示。

图 1.2.13 图形诊断

刀号3	信号名称	地址	状态
	ALIAS.tool_coun...	ALIAS.tool_cou...	...nt.target
	ALIAS.tool_lockc...	ALIAS.tool_lock...	...ck.target
	ALIAS.tool_unlo...	ALIAS.tool_unlo...	...ck.target
	刀架反转	IO.QX8.5	OF
	刀架指示灯	IO.QX0.1	ON
	刀架按钮	IO.IX0.1	OF
	刀架正转	IO.QX8.4	ON

《刀架诊断信息》

刀架运转正常，无不良现象

图 1. 2. 14 故障诊断

练习与提高

1. 请对 G00、G01 指令在机床内部的执行流程进行说明，并画出流程图。

2. 请指出 i5 系统与传统数控系统的区别。

3. 如何在 i5 智能机床上进行故障信息的获取？

 项目三

智能机床机械结构认知

■■/\ 项目目标 ----

◆ 了解智能机床的基本机械结构。
◆ 掌握智能车床自动换刀装置机构。
◆ 掌握智能立式加工中心刀库装置结构。

■■/\ 任务列表 ----

学习任务	知识点	能力要求
任务一 智能机床基本机械结构认知	智能机床的机械结构	了解智能机床的机械结构
任务二 i5 智能车床换刀装置认知	智能车床自动换刀装置结构	掌握智能车床自动换刀装置结构

任务一 智能机床基本机械结构认知

■■/\ 任务导入 ----

如图 1.3.1 所示，请指出图中 i5M1 机床的主体机械结构有哪些？

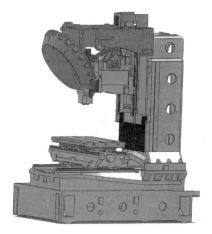

图 1.3.1 i5M1 机床的机械结构

知识平台

1. 智能机床机械结构的特点与要求

智能机床机械结构的特点与要求如下：

（1）主轴精度高、转速高、功率大，能进行大功率切削和高速切削，实现高效率加工，具有较宽的调速范围，能迅速可靠地实现无级调速使切削始终处于最佳运行状态；

（2）加工范围尽量大；

（3）进给伺服机构速度快、定位精度高。

2. 数控卧式车床的机械结构

数控卧式车床结构为刀架前置、平床身，i5T3 数控卧式车床主要组成部分为床身、单元主轴、伺服刀架、尾座和床鞍。i5T3 和 i5T1 数控卧式车床的机械结构如图 1.3.2 所示。

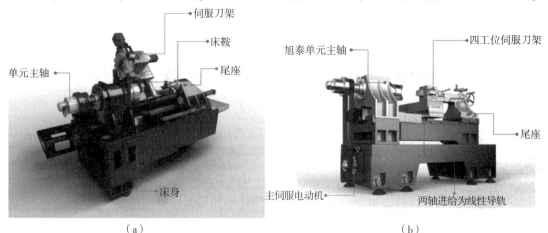

（a） （b）

图 1.3.2 i5T3 和 i5T1 数控卧式车床的机械结构

（a）i5T3 数控卧式车床；（b）i5T1 数控卧式车床

3. 数控立式车床结构

数控立式车床主要用于加工各种短轴类、盘类零件，数控立式车床与数控卧式车床有不可比拟的优势。i5T6（i5V2）数控立式车床机械结构如图1.3.3所示。

数控立式机床的特点如下：

（1）被加工件因自重可以与夹具的定位面紧密贴合，避免了椭圆形加工，保证了零件真正的圆度，大大提升被加工件的精度和一致性；

（2）立式机床大、薄、重，外形不规则的被加工件，易于上下工件，加工方便；

（3）夹具制造简单，尤其针对复杂、不规则零件，可大大降低用户在此方面的成本；

（4）整机占地面积是同规格数控卧式车床的1/2；

（5）方形结构布局，更易组成生产线，对汽车行业自动化程度高的加工更加适合。

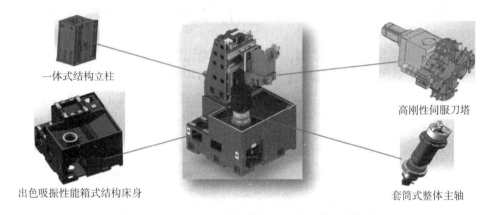

一体式结构立柱

高刚性伺服刀塔

出色吸振性能箱式结构床身

套筒式整体主轴

图1.3.3 i5T6（i5V2）数控立式车床的机械结构

4. 数控车床主轴结构

数控车床主轴是车床精度的重要组成部分，车床精度即输出旋转精度，也为主轴的工作表面精度。对主轴自身的关键精度而言整体主轴精度更高，整体主轴精度包括以下几个方面：

（1）主轴支承轴径、轴肩端面的精度：主轴支承轴径的制造精度（椭圆度、锥度、不同轴度、不垂直度等），主轴轴肩端面对主轴回转轴心线的不垂直度；

（2）主轴工作表面的精度：内外锥面的尺寸精度、几何形状精度、光洁度和接触精度；定心表面相对于支承轴径表面的同轴度；定位端面相对于支承轴径、轴心线的垂直度。主轴工作表面指主轴的莫氏锥孔、轴端外锥或法兰外圆等。

传统数控车床主轴结构复杂，零件较多，维修复杂，除了普通主轴，现在还发展出整体主轴单元，实现以换代修。传统数控车床的主轴、整体主轴单元如图1.3.4所示。

图1.3.4 传统数控车床的主轴、整体主轴单元

5. 加工中心的机械结构

1）加工中心的分类

（1）立式加工中心：主轴轴线垂直，为立柱固定，采用矩形工作台。

（2）卧式加工中心：主轴轴线水平，是带有分度回转运动工作台的一类加工中心，适合加工体积较大的零部件。

（3）五轴加工中心：机床可实现五轴联动加工，可以完成任意面的加工。

2）加工中心的结构

加工中心的结构如下：

（1）基础部件——床体、立柱和工作台；

（2）主轴组件——由主轴箱体、交流主轴电动机、主轴和轴承等零件组成；

（3）控制系统——单台加工中心数控系统是由数字编程装置、编程控制元件、伺服驱动装置、电动机等组成；

（4）自动换刀装置——刀库、换刀机械手和驱动元件。

立式加工中心首先是将普通镗床、普通铣床、数控系统，以及刀库进行组合，形成数控立式加工中心，随后搭载 i5 系统的立式加工中心也称 i5 智能立式加工中心。立式加工中心的关键部件主要由床身、滑座、工作台、主轴箱、立柱，以及刀库六大部分组成，其结构如图 1.3.5 所示。

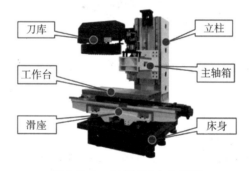

图 1.3.5 立式加工中心结构

6. 钻攻中心机械结构

从加工的效率和精度上看，i5M1 智能立式加工中心选用转塔式刀库，换刀时间更短，加工效率更高。i5M1 智能立式加工中心基本结构和详细结构如图 1.3.6、1.3.7 所示。

7. 加工中心主轴结构

立式加工中心典型主轴结构如图 1.3.8（a）所示。当刀具 2 装到主轴孔后，其刀柄后部的拉钉 3 便被送到拉杆 7 的前端，在碟形弹簧 9 的作用下，通过弹性卡爪 5 将刀具拉紧。当需要换刀时，电气控制指令给气缸发出信号，气缸带动液压缸 14 的活塞左移，从而带动推杆 13 向左移动，推动固定在拉杆 7 上的轴套 10，使整个拉杆 7 向左移动，当弹性卡爪 5 向前伸出一段间隔后，在弹性力作用下，弹性卡爪 5 自动松开拉钉 3，此时拉杆 7 继续向左移动，喷气嘴 6 的端部把刀具顶松，机械手便可把刀具取出进行换刀。装刀之前，压缩空气从喷气嘴 6 中喷出，吹掉锥孔内脏物，当机械手把刀具装进之后，压力油通入液压缸14的左腔，使推杆退回原处，在碟形弹簧的作用下，通过拉杆7又把刀具拉紧。切削液喷嘴1用来在切削时对刀具进行大流量冷却。主轴一般有两种连接方式，一种是直接连接，一种是皮带连接，直接连接的传动精度要好于皮带连接的传动精度。

主轴冷却系统：高速主轴可配置油冷，油冷机的冷却油通过主轴循环冷却槽（螺旋）给主轴循环油冷。

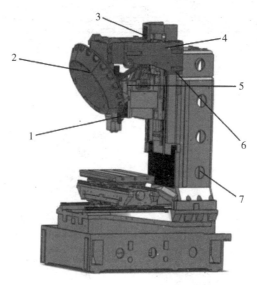

1—曲线板；2—刀库；3—撞块；4—撞块支架；5—打刀杆；6—刀库支臂；7—立柱。

图 1.3.6　i5M1 智能加工中心基本结构

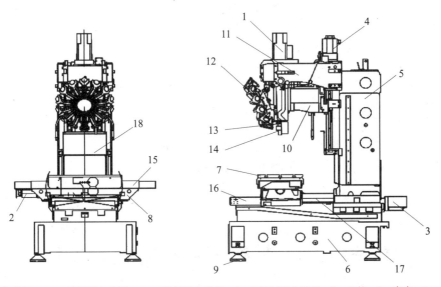

1—主轴电动机；2—X 轴伺服电动机；3—Y 轴伺服电动机；4—Z 轴伺服电动机；5—立柱；6—床身；7—工作台；
8—滑鞍；9—测平块；10—主轴头；11—刀库支架；12—刀库；13—夹钳；14—刀具组件；15—X 轴可伸缩盖；
16—Y 轴可伸缩盖；17—Y 轴滑动盖；18—Z 轴滑动盖。

图 1.3.7　i5M1 智能加工中心详细结构

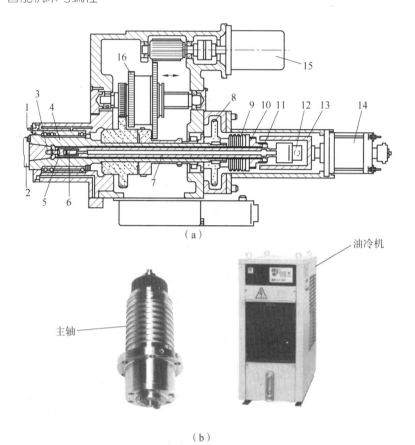

（a）

油冷机

主轴

（b）

1—切削液喷嘴；2—刀具；3—拉钉；4—主轴；5—弹性卡爪；6—喷气嘴；7—拉杆；8—定位凸轮；9—碟形弹簧；10—轴套；11—固定螺母；12—旋转接头；13—推杆；14—液压缸；15—交流伺服电动机；16—换挡齿轮。

图1.3.8　立式加工中心典型主轴结构及主轴冷却系统

（a）立式加工中心典型主轴结构；（b）主轴冷却系统

练习与提高

1. 请列出 i5T3 数控卧式车床的主体结构。
2. 请列出 i5M4 智能立式加工中心的主体结构。
3. 请对 i5M4 智能立式加工中心的主轴结构加以说明。

任务二　i5 智能车床换刀装置认知

任务导入

请列出车床刀架的分类及具体结构。

知识平台

1. i5T1.4 智能车床前置四工位刀架结构

数控车床的刀架一般分前置刀架和后置刀架两种，其中后置刀架又分液压、伺服、电动三种，一般经济型车床一般采用前置刀架如图 1.3.9、图 1.3.10 所示，全智能车床一般采用后置刀架。

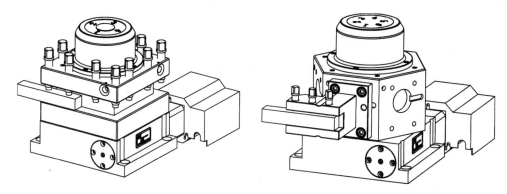

图 1.3.9　前置四工位刀架和六工位刀架

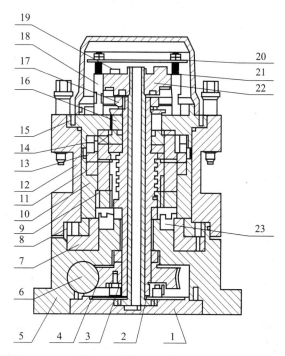

1—底盘；2—丝杆套；3、17—背帽；4—蜗轮；5—底座；6—蜗杆；7—下齿盘；8—上齿盘；
9—初定位销；10—动齿盘；11—螺母；12—方刀台；13—压盘；14—传动盘；15—连接盘；
16—固定环；18—滑柱；19—接线台；20—压盘；；21—锁紧开关；22—编码器；23—初定位盘。

图 1.3.10　前置刀架内部结构

i5T1.4 智能车床前置四工位刀架单向选刀，可以装夹各种车削刀具，如内孔镗刀等。刀架结构可靠，采用对销反靠，三联齿精确定位，其螺旋升降卡紧，刚性好，工作灵活，使用寿命长。根据不同需要刀架的冷却方式分为内冷却和外冷却。

图 1.3.11 为前置四工位刀架从一工位到四工位的换刀时序波形图。刀架接收到正转指令后，电动机开始正转，机床系统接收到四工位信号并发出停转指令后，电动机停转；经 t_1 延时后，电动机开始反转，至锁紧信号发出；系统经 t_2 延时后，电动机停转，至此，刀架换刀结束。

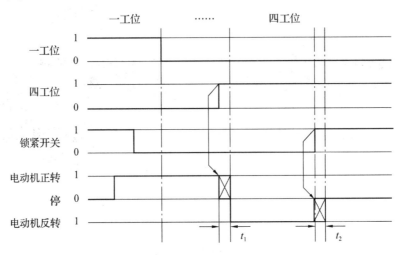

图 1.3.11　换刀时序波形图

2. 智能车床自动换刀装置

智能车床自动换刀装置的结构如图 1.3.12 所示，其动作步骤如下。

（1）数控系统收到换刀信号后，按要求发出相应的转位指令，刀架转位电磁阀的正反转电磁铁中的一个得电，液压马达相应油路接通，马达开始全速转动，经减速后带动刀盘主轴及编码器转动，同时编码器不断发出刀盘位置信号。

（2）当刀架转至所要刀位的上一工位，编码器选通信号没有时，系统发出指令，断开刀盘，关闭电磁阀电源，插销下压，液压马达快速将油路断开，节流油路打开，液压马达减速前行，随着插销不断下压，液压马达速度不断减小。

（3）当刀架转至所要刀位时，旋转凸轮到达预定位无触点接近开关位置，刀盘完成预定位，油缸锁紧油路打开，油缸后腔通压力油，活塞伸出推动端齿盘前移，完成夹紧及精定位动作，刀盘停转锁紧，接近开关发出信号，系统收到信号后由此断开刀架转位电磁阀电源，整个换刀动作完成。

（4）最终为保证可靠，系统应核对刀号，判断换刀后刀号与所要刀号是否一致，锁紧信号是否正常，如果两者都正常，系统可进行下一步动作，否则系统应发出报警信号停机等待处理。

图 1.3.12 智能车床自动换刀装置的结构

3. 智能立式加工中心刀库分类

智能立式加工中心刀库一般分为斗笠式刀库、机械手刀库、转塔式刀库三类，如表 1.3.1 所示。

表 1.3.1 智能立式加工中心刀库分类

刀库形式	对应智能机床	容量/把	对刀、换刀时间/s	最大刀具重量/kg
斗笠式刀库	无	16	7	5
机械手刀库	i5M4	24	2.5	7
转塔式刀库	i5M1	21	1.4	3

斗笠式刀库，因换刀速度慢，现在使用得不多。i5 智能立式加工中心所配刀库为机械手刀库，以及效率更高的转塔式刀库，如图 1.3.13 所示。

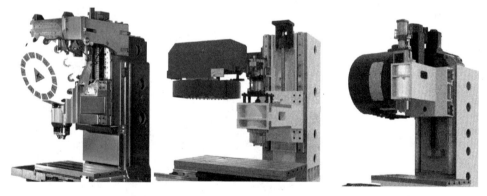

图 1.3.13 转塔式刀库、斗笠式刀库、机械手刀库

◤◢◣ **练习与提高**

1. 请叙述 i5T3 智能车床前置四工位刀架的换刀流程。
2. 请列出智能立式加工中心刀库的具体结构。
3. 数控车床刀架如何分类，各有什么优缺点？
4. 智能立式加工中心刀库如何分类，各有什么优缺点？

模块二

智能机床回转体零件车削加工

 **项　目**

酒杯零件加工

■■/\ **项目目标**········

◆了解车削基本原理。

◆了解 GB/T 2076—2007《切削刀具用可转位刀片型号表示规则》。

◆掌握基于智能机床的小酒杯加工工艺。

■■/\ **任务列表**········

学习任务	知识点	能力要求
任务一　酒杯零件刀具选择及加工工艺分析	1. 切削三要素 2. 影响刀具寿命的因素 3. GB/T 2076—2007《切削刀具用可转位刀片型号表示规则》	了解切削工艺一般流程及刀具编码规则
任务二　i5智能车床的基本操作	智能车床刀具对刀原理及操作方法	掌握智能车床的对刀流程及原理
任务三　酒杯零件加工编程	智能车床编程规则及G、M指令代码	掌握智能车床的编程规则及酒杯加工案例

任务一　酒杯零件刀具选择及加工工艺分析

■■/\ **任务导入**········

请将图2.1.1（a）的小酒杯零件3D模型，根据图2.1.1（b）的图纸，进行图纸分析并给出初步工艺方案。

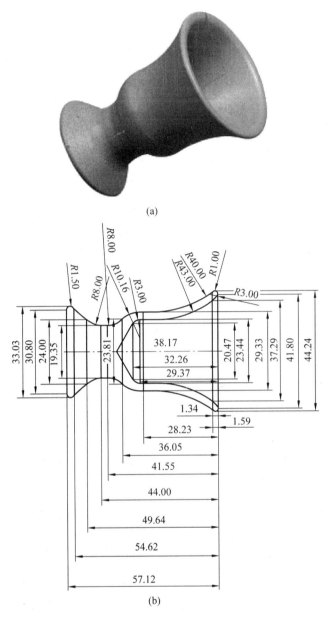

(a)

(b)

图 2.1.1　小酒杯零件的 3D 模型和图纸

（a）小酒杯零件 3D 模型；（b）小酒杯零件图纸

知识平台

1. 切削三要素

1）切削速度 v_c

切削速度是指切削刃上选定点相对于工件沿主运动方向的瞬时速度，切削速度示意图如图 2.1.2 所示，图中：v_f 为给进速度，单位为 mm/r（或 mm/min）；v_e 为切削线速度，单位为 m/s（或 m/min）。

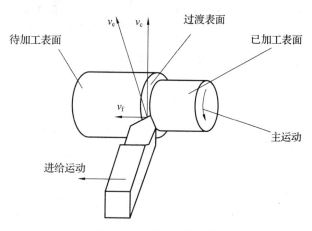

图 2.1.2 切削速度示意图

当主运动为旋转运动时，刀具或工件最大直径处的切削速度由式（2.1）确定，v_c 一般由工件材质、刀具材质决定，首要因素是工件材质。

$$n = 1000 v_c/\pi D \tag{2.1}$$

式中：D 为完成主运动的刀具或工件的最大直径，单位为 mm；n 为主运动的转速，单位为 r/s 或 r/min。

切削速度太低产生的影响有：积屑瘤、刃口变钝、经济性差。

切削速度太高产生的影响有：后刀面磨损、表面质量差、沟槽磨损、月牙洼磨损、产生塑性变形。

2）切削深度 a_p

对切削外圆柱面而言，切削深度 a_p（单位为 mm）等于工件已加工表面与待加工表面的垂直距离。其中车削外圆柱面时的切削深度为

$$a_p = (d_w - d_m)/2 \tag{2.2}$$

式中：d_w 为工件待加工表面直径，单位为 mm；d_m 为工件已加工表面的直径，单位为 mm。

切削深度过小产生的影响有：排屑不易控制、振动、切削热很高、经济性差。

切削深度过大产生的影响有：功率消耗大、刀刃易断裂、切削力很大。

切削深度一般不小于刀片刀尖半径（r_ε）的 2/3，即 $a_p \geqslant 2/3 r_\varepsilon$。

3）进给量 f

进给量 f 是指工件或刀具每回转一周或往返一个行程时，两者沿进给运动方向的相对位移，单位为 mm/r。

进给量太低产生的影响有：后刀面磨损、经济性差。

进给量太高产生的影响有：切屑不易控制、表面质量差、月牙洼磨损、塑性变形磨损、功率消耗高。

2. 车刀刀片编号

车刀一般由刀片（刀具）和刀杆组成，刀片编号规则遵循国标 GB/T 2076—2007，可

转位刀片的代码表示方法是由 8 位字符串组成的，其排列如图 2.1.3 所示。

图 2.1.3　可转位刀片的代码

1）刀尖形状

刀尖形状编号位于车刀刀片编号的第一位，如图 2.1.4 所示。刀尖形状编号示例和刀尖形状编号（部分）如图 2.1.5 和图 2.1.6 所示。刀尖形状编号的具体含义如下：C——刀尖角为 80°菱形；D——刀尖角为 55°菱形；K——刀尖角为 55°平行四边形；R——圆形；S——正方形；T——三角形；V——刀尖角为 35°菱形；H——正六边形；O——正八边形；P——正五边形；E——刀尖角为 75°菱形；M——刀尖角为 86°菱形；A——刀尖角为 85°平行四边形。

图 2.1.4　刀尖形状编号的位置示例

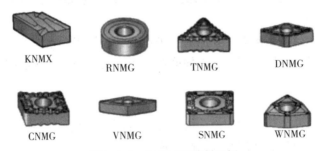

图 2.1.5　刀尖形状编号示例

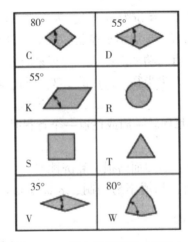

图 2.1.6　刀尖形状编号（部分）

刀尖形状是根据被加工工件的形状和尺寸来决定的，刀尖角越大，强度越大，除切削温度会被分散，增加切削的法向力外，刀尖角增大一般是有利的。从经济性来说，W 型和 T 型刀片由于可用刃数较多较为常用（仿形一般用 V 型、D 型刀片）。车床用刀片，最应推荐的是 80° 的 C 型刀片，C 型刀片与 W 型、T 型刀片相比，只是将刀片对称反转安装，故重复定位精度要高得多。

选取刀片的要点如下：

（1）推荐采用比目前使用中的刀尖角（刀尖半径）强度更高的产品；

（2）尽可能使用通用性能强的 C 型产品，以利于后续采购。

2）刀片后角

刀片后角编号（部分）如图 2.1.7 所示。刀片后角编号的具体含义如下：A——3° 后角；B——5° 后角；C——7° 后角；D——15° 后角；E——20° 后角；F——25° 后角；G——30° 后角；N——0° 后角；P——11° 后角；O——特殊形状刀片代号。

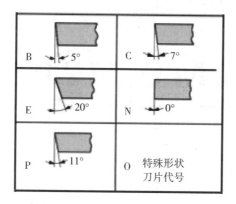

图 2.1.7　刀片后角编号（部分）

3）刀片的公差

刀片的公差等级比较多，从精到粗依次排列有：A、F、C、H、E、G、J、K、M、N、U。

4）刀片形式

刀片形式编号位于车刀刀片编号的第四位如图 2.1.8 所示。

图 2.1.8　刀片形式编号的位置示例

刀片形式编号如图 2.1.9 所示，常用刀片形式如下：G——有断屑槽的双面刀片；L——有断屑槽的单面刀片；A——有孔的平面刀片；N——无孔的平面刀片；W——有孔且以螺钉夹紧的平面刀片。

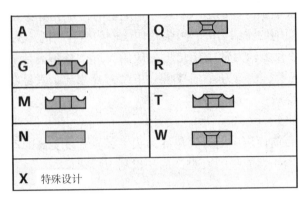

图 2.1.9   刀片形式编号

5）切削刃长度

切削刃长度决定了刀具的最大切削深度，一般外圆刀具的有效切削深度为切削刃长度的 2/3，切削刃长度编号位于车刀刀片编号的第五位，如图 2.1.10 所示。

图 2.1.10   切削刃长度编号的位置示例

6）刀片厚度

刀片厚度编号位于车刀刀片编号的第六位，如图 2.1.11 所示。

图 2.1.11   刀片厚度编号的位置示例

7）刀尖圆弧半径

刀尖圆弧半径（r_ε，单位为 mm）在实际应用中是任何刀具都具有的，若假设刀尖编程在加工端面或外圆时没有误差，但在进行倒角、刀尖斜面切削、圆弧面切削时就会产生欠切或过切，这是由于刀尖圆弧半径的存在。

其中刀尖角越大，安全性越高，光洁度越好，切削力越大；刀尖角越小，减震性越好，产生最小切削深度。刀尖圆弧半径编号如图 2.1.12 所示。

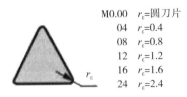

M0.00 r_ε=圆刀片
04   r_ε=0.4
08   r_ε=0.8
12   r_ε=1.2
16   r_ε=1.6
24   r_ε=2.4

图 2.1.12   刀尖圆弧半径编号

8）刀片断屑槽

刀片断屑槽编号如下：精加工断屑槽用 F 表示，半精加工断屑槽用 M 表示，粗加工断屑槽用 R 表示，PM 表示钢件半精加工用断屑槽，PR 表示钢件粗加工用断屑槽，P 一般代表钢件，如果是 K 的话代表铸铁，M 代表不锈钢，如图 2. 1. 13 所示。

P					M					K				
HT	HC	HC	HC	HC	HC	HC	HC	HC		HC	HC	HC		
5015	1525	4015	4025	4035	1025	2015	2025	2035		3005	3015	3025		
☆	★				☆	★				★				
☆ ☆	★ ★				☆ ☆	★ ★				★ ★				

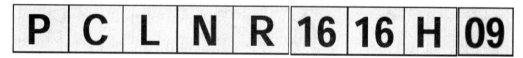

图 2. 1. 13　刀片断屑槽编号

3. 刀杆编号规则

按国标 GB/T 2076—2007，刀杆的代码表示方法是由 9 位字符串组成的，编号规则如图 2. 1. 14 所示。

P	C	L	N	R	16	16	H	09

图 2. 1. 14　刀杆编号规则

1）夹紧方式

刀杆夹紧方式的选择：比如在进行车内孔操作的时候，如果内孔很小，则最好选择螺钉夹紧或者是杠杆夹紧。因为这两种方式在刀杆上所占的空间面积比较小，铁屑容易排出，而且不易造成刀杆的干涉。夹紧方式编号位于刀杆编号的第一位，如图 2. 1. 15（a）所示。

螺钉夹紧 S：夹紧元件少，结构简单，装卸刀片和转位方便迅速，制造方便、排屑无阻。但松开或紧固螺纹偏心销不太方便。断续切削时容易使偏心销受冲击与振动而失去自锁能力。轻切削小孔切削的菱形刀片、三角形刀片和镗刀头中应用较多。

杠杆夹紧 P：杠杆夹紧用于刀片中心圆柱销孔夹紧，定位与夹紧比较可靠，前面开放有利于排屑，一般在中、轻切削时选用。

楔块夹紧 M、W：夹紧可靠但结构不太紧凑，切削力大的场合不适用（如加工条件恶劣的钢的粗加工），较适用于铸铁的加工。

夹紧方式编号如图 2. 1. 15（b）所示，其具体含义为：C——上压夹紧；D——刚性夹紧；M、W——楔块夹紧；P——杠杆夹紧；S——螺钉夹紧。

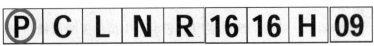

（a）

（b）

图 2.1.15 夹紧方式编号的位置示例和含义

（a）夹紧方式编号的位置示例；（b）夹紧方式编号

2）刀片形状

此节编码原则同本模块任务一中车刀刀片编号内的刀片形状，在此不再赘述。

3）主偏角角度

主偏角编号规则及含义如图 2.1.16 所示。

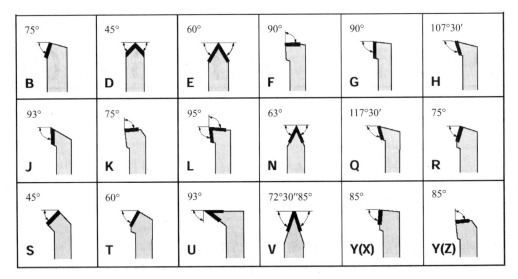

图 2.1.16 主偏角编号规则及含义

4）后角角度

此节编码原则同本模块任务一中车刀刀片编号内的刀片后角，在此不再赘述。

5）左右手方向

R 为右手刀；L 为左手刀，刀具的左右手方向编号规则如图 2.1.17 所示。

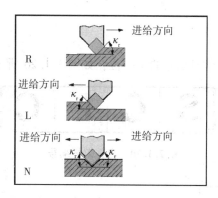

图 2.1.17 刀具的左右手方向编号规则

6）刀杆厚度与宽度

刀杆厚度与宽度一般按照刀具刀杆的刀方截面的厚度和宽度来表示，单位是 mm。

7）刀杆长度

刀杆长度编号规则如图 2.1.18 所示。

A = 32	M = 150
B = 40	N = 160
C = 50	P = 170
D = 60	Q = 180
E = 70	R = 200
F = 80	S = 250
G = 90	T = 300
H = 100	U = 350
J = 110	V = 400
K = 125	W = 450
L = 140	Y = 500
	X = 特殊形状

图 2.1.18 刀杆长度编号规则

8）主切削刃长度

主切削刃长度编号规则如图 2.1.19 所示（图中 1 in = 25.4 mm）。

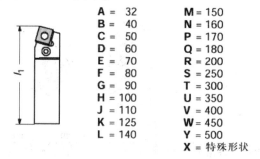

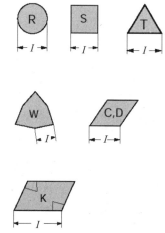

		切削刃长度，公制		C	D	R	S	T	V	W	K
		l/mm	l/in								
		3.18	1/8″					05			
内切圆以 "1/8″" 表示		3.97	5/32″					06		02	
		5.0				05					
		5.56	7/32″			09					
		6.0			06						
a) 对于 K（KNMX、		6.35	1/4″	06	07			11	11	04	
KNUX）形刀片，仅标示了		8.0				08					
理论切削刃长度		9.525	3/8″	09	11	09	09	16	16	06	16a)
		10.0	10.0			10					
		12.0				12					
		12.7	1/2″	12	15	12	12	22	22	08	
		13			13				13		
		15.875	5/8″	16		15	15	27			
		16.0				16					
		19.0	3/4″	19		19	19	33			
		20.0				20					
		25.0				25¹⁾					
		25.4	1″	25		25²⁾	25				
1）基于公制的设计		31.75	1/4″			31					
2）基于英制的设计		32				32					

图 2.1.19 主切削刃长度编号规则

4. 常规内孔车刀编号

1) 内孔刀杆的类型

内孔刀杆编号位于内孔车刀编号的第一位，如图 2.1.20 所示。

图 2.1.20　内孔刀杆编号

内孔刀杆编号的含义如下：

A——内冷却液钢制刀杆；E——硬质合金常规刀杆；F——防震刀杆；S—整体钢制刀杆。

2) 刀杆直径

如图 2.1.21 所示，订货号 A08H-SCLCR/L 06-R 中的 08 表示刀杆直径，即 d_m，表示该刀具刀杆直径为 8 mm。

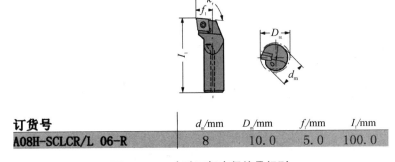

订货号	d_m/mm	D_m/mm	f/mm	l_1/mm
A08H-SCLCR/L 06-R	8	10.0	5.0	100.0

图 2.1.21　内孔刀杆直径编号规则

3) 刀杆长度

内孔刀杆长度编号规则如图 2.1.22 所示。

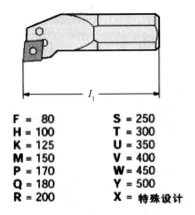

F = 80	S = 250
H = 100	T = 300
K = 125	U = 350
M = 150	V = 400
P = 170	W = 450
Q = 180	Y = 500
R = 200	X = 特殊设计

图 2.1.22　内孔刀杆长度编号规则

4）夹紧方式

此节编号规则与本模块任务一中车刀刀片编号内的夹紧方式相同，在此不再赘述。

5）刀尖形状

此节编号规则与本模块任务一中车刀刀片编号内的刀尖形状相同，在此不再赘述。

6）刀片主偏角

内孔车刀主偏角编号规则如图 2.1.23 所示。

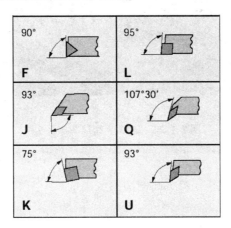

图 2.1.23　内孔车刀主偏角编号规则

7）后角角度

此节编号规则与本模块任务一中车刀刀片编号内的刀片后角相同，在此不再赘述。

8）左右手方向

此节编号规则与本模块任务一中刀杆编号规则内的左右手方向相同，在此不再赘述。

9）切削刃长度

此节编号规则与本模块任务一中刀杆编号规则内的主切削刀长度相同，在此不再赘述。

车削工艺制定的一般流程为：确认毛坯状态；确定加工部位及精度；确认车床及其配置；确认装夹方式及工序；确认刀体及刀片型号；确定加工参数。

具体操作步骤如下。

1）图纸分析

已知，工件为长 57 mm，最大直径为 44 mm 的回转体，轮廓特点从右到左包括：右侧端面、$R3$、$R42$、$R3$ 的内孔相切弧面，$R1$、$R40$、$R10$、$R16$、$R8$、$R1.5$ 相切弧面外圆，左侧切断面。配合 UG 建模，可以看出整体形状美观、尺寸合理，对尺寸精度无太高要求，粗糙度要求较高。本次选择 $\phi50$ mm×110 mm 的圆棒料做毛坯。

2）机床选择

根据 $Ra1.6$ μm 的要求选择高转速、低进给的加工方式。根据零件毛坯的尺寸范围，选用通用型智能车床 i5T3.3。i5 智能车床标配伺服转塔刀架，结构简单，转位快，其外形如图 2.1.24 所示。

图 2.1.24　i5T3.3 智能车床外形

3）装夹方式

用液压自定心卡盘要求露出 72 mm 的加工量。

4）刀具选择

根据图纸的加工轮廓需要用到以下刀具。

（1）外圆刀 T4 SVJBR2525M16（前角为 7°的正前角右手车刀）。

（2）切槽刀 T2 MGEHR2525-3C（槽宽为 3 mm 的右手切槽刀）。

（3）端面刀 T6 DCLNL2525M12（后角为 0°的负前角左手车刀）。

（4）内孔刀 T7 S20VSLCR12（前角为 7°的正前角右手内孔车刀）。

（5）钻头（直径为 19.5 mm）。

（6）中心钻 SSD（直径为 3 mm）。

其中，端面刀 T6 用于平端面，外圆刀 T4 用于粗、精车外轮廓，切槽刀 T2 用于 $R1.5$ 圆弧左半部分以及最后切断，内孔刀 T7 用于内轮廓加工，中心钻 SSD 用于钻中心孔前的打中心孔，19.5 mm 钻头用于钻孔。刀具安装及刀具工艺表分别如图 2.1.25（a）、（b）所示。

5）加工路线的确认

车削加工的原则，在车削加工中一般按由内及外、基准优先的原则，具体步骤如下。

（1）平端面。加工出 Z 向基准面。

（2）粗车内轮廓。T7 内孔刀加工 $R3$、$R42$、$R3$ 的内孔相切弧面，留 0.4 mm 的径向余量。

（3）精车内轮廓。

（4）粗车外轮廓。加工 $R1$、$R40$、$R10$、$R16$、$R8$、$R1.5$ 相切弧面外圆，留 0.4 mm 的径向余量。

（5）精车外轮廓。

（6）切断及底座圆弧倒角。

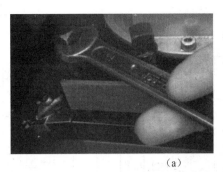

（a）

刀偏表											

刀具工艺参数

刀号	刀具名称	刀组	刀具材料	主偏角	副偏角	前角	后角	刃倾角	刀尖半径	刀具直径	刀具齿数
1	内孔精车	0	缺省	0.000	0.000	0.000	0.000	0.000	0.400	——	——
2		0	缺省	0.000	0.000	0.000	0.000	0.000	0.000	——	——
3		0										
4	内孔槽D2	78	缺省	0.000	0.000	0.000	0.000	0.000	0.200	——	——
5		0	缺省	0.000	0.000	0.000	0.000	0.000	0.800	——	——
6	wycc	0	缺省	0.000	0.000	0.000	0.000	0.000	0.800	——	——
7		0	缺省	0.000	0.000	0.000	0.000	0.000	0.400	——	——
8	外圆精车	0	缺省	0.000	0.000	0.000	0.000	0.000	0.400	——	——

刀具补偿参数	刀具监控参数	刀具				主页

（b）

图 2.1.25 刀具安装及刀具工艺表

（a）刀具安装；（b）i5 系统刀具工艺表

6）加工参数确认

参数确认的具体步骤如下。

（1）平端面。根据铝的加工材质，确定线速度为 150 m/min。根据线速度和工件直径可以确定主轴转速为 2 400 r/min。根据毛坯及刀具情况，确定切削深度为 1 mm；每转进给量为 0.2 mm/r。根据加工长度为 22 mm，确定切削时间为 3 s。

（2）粗车内轮廓。根据铝的加工材质，确定线速度为 150 m/min。根据线速度和工件直径可以确定主轴转速为 1 600 r/min。其余相关参数同上。

（3）精车内轮廓。根据铝的加工材质，确定线速度为 150 m/min。根据线速度和工件直径可以确定主轴转速为 1 600 r/min。其余相关参数同上。

（4）粗车外轮廓。根据铝的加工材质，确定线速度为 150 m/min。根据线速度和工件直径可以确定主轴转速为 1 600 r/min。其余相关参数同上。

（5）精车外轮廓。根据铝的加工材质，确定线速度为 150 m/min。根据线速度和工件直径可以确定主轴转速为 1 600 r/min。其余相关参数同上。

（6）切断及底座圆弧倒角。根据铝的加工材质，确定线速度为 75 m/min。根据线速度和工件直径可以确定主轴转速为 1 200 r/min。其余相关参数同上。

7）填写加工工艺卡片

加工工艺卡片如表 2.1.1 所示。

表 2.1.1　加工工艺卡片

工序号	刀具号	工步号	工步内容	装夹方式	切削大径/mm	切削小径/mm	切削速度/(m·min⁻¹)	主轴转速/(r·min⁻¹)	切削深度/mm	每转进给/(mm·r⁻¹)	切削长度/mm	切削次数	切削时间/s
1	1	1	平端面	三爪自定心卡盘卡 φ50 mm 外圆，卡盘端面定位，要求露出 72 mm 的加工量。	45	0	150	2 400	1.0	0.20	22	1	3
	4	2	粗车内轮廓		42	20	150	1 600	1.0	0.20	30	10	56
	4	3	精车内轮廓		42	20	150	1 600	0.5	0.10	30	1	12
	1	4	粗车外轮廓		45	20	150	1 600	1.0	0.20	57	14	150
	2	5	精车外轮廓		45	20	150	1 600	0.5	0.10	57	1	20
	3	6	切断及底座圆弧倒角		45	0	75	1 200	3.0	0.05	22	1	22

主轴启停/s：4　　换刀时间/s：20　　快进快退时间/s：10　　效率/(%)：263/297　　每小时产出量/(件/h)：12　　节拍/s：297

刀具清单：采用山特维克刀具

刀具号	刀具及附件型号	刀片型号	刀具作用
1	DCLNL2525M12	DNMG120404-PR	外圆粗车刀
2	SVJBR2525M16	VBMT160404-PF	外圆精车刀
3	MGEHR2525-3C	N123C203000002-TF	切槽刀
4	S20VSLCR12	VBMT160404-PF	内孔车刀
5	直径 19.5 mm 钻头，直径 3 mm 中心钻 SSD		

练习与提高

1. 当有端面、内孔，以及外圆环槽的工件加工时工步顺序为（　　　）、（　　　）、（　　　）。

2. 粗、精车削加工长度为 2 m 的火车车轴应采用（　　　）装夹的方法。

3. 车削刀具刀片 TNMG120408ER 代表什么刀片，加工工件的优缺点有哪些？

4. 制定加工工艺卡片。

请对图 2.1.26 进行工艺分析（包括刀具选择、机床选择、夹具选择、加工参数确认），并制定加工工艺卡片。

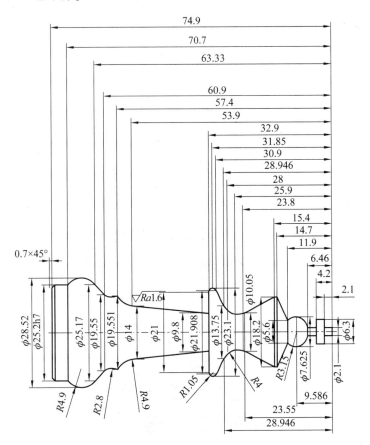

图 2.1.26　练习图纸

任务二　i5智能车床的基本操作

■/\　任务导入 ----

请思考如何将外圆刀具、切槽刀具进行对刀，并建立一个外圆切削程序。

■/\　知识平台 ----

1. i5 智能系统面板界面

i5 智能系统面板界面如图 2.1.27 所示。

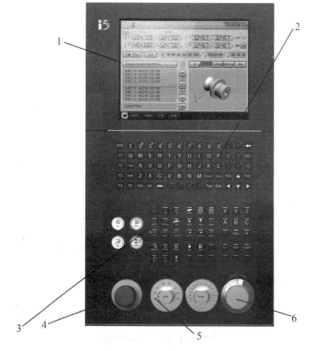

1—触摸显示屏；2—键盘；3—系统按键；4—急停开关；5—倍率按钮；6—手轮。

图 2.1.27　i5 智能系统面板界面

2. i5 智能系统系统界面

i5 智能系统系统界面如图 2.1.28 所示。

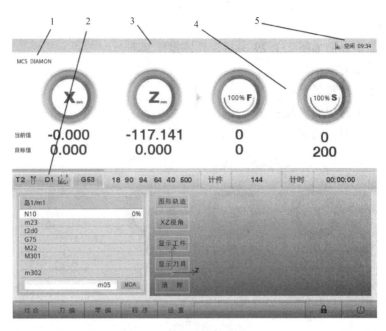

1—坐标系；2—刀具和工件测量区；3—报警和信息显示区；4—速度显示区；5—系统状态显示区。

图 2.1.28 i5 智能系统系统界面

3. 开、关机操作

1）开机操作

开机操作如下：

第一步，打开机床电源 ；

第二步，弹出急停开关 ；

第三步，伺服上强电 ；

第四步，系统复位 。

2）关机操作

关机操作如下：

第一步，按下急停开关；

第二步，点击"关机"按钮；

第三步，点击"确定"按钮；

第四步，关闭机床电源。

4. 回零

回零操作步骤如下：

第一步，开机后按下面板上"回零" 按键；

第二步，按下"循环启动" 按键。

5. 轴移动

轴移动的显示画面如图 2.1.29 所示，具体操作如下：

第一步，回零完成；

第二步，不选增量倍率；

第三步，按下对应的 X 轴；

第四步，按下对应的 Z 轴。

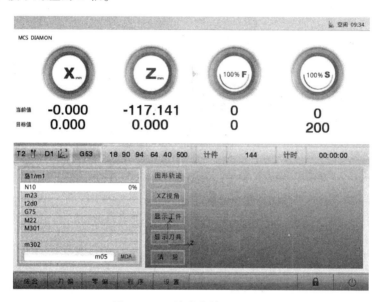

图 2.1.29　轴移动的显示画面

6. 智能车床的 MDA 操作

智能车床的 MDA 操作如下：

第一步，回零完成，空闲状态，点击系统界面上 MDA 程序框的中间位置；

第二步，输入要执行的程序"M3S1000"；

第三步，点击输入键盘上的"回车"按键；

第四步，点击系统界面的"MDA"按键；

第五步，点击面板上的"循环启动" 按键，MDA 程序开始执行。

7. 智能车床的对刀操作

智能车床 Z 轴方向对刀的操作如下：（注意，对刀前确保刀具已经牢固安装在刀架上。）

第一步，点击系统界面上的"刀具表" T1 D0 按键，出现对刀界面如图 2.1.30 所示；

第二步，点击面板上的"主轴旋转"按键，使主轴旋转；

第三步，点击面板上的"Z 轴"按键；

第四步，把"增量倍率"调至"OFF" ，摇动手轮，使刀具沿 Z 轴负向轻轻车削工件表面，再由正向退出（停止主轴，此时不能移动 X 轴）；

第五步，在目标值"Z_1"里输入"0"；

第六步，设置完成后点击输入键盘上的"回车"按键；

第七步，点击系统界面的"计算保存" 计算保存X 按键。

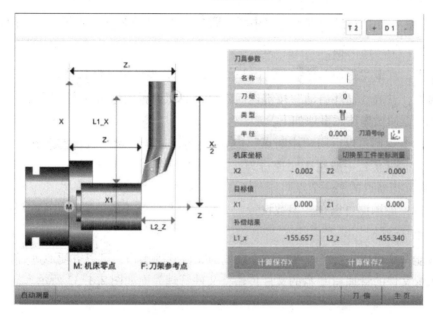

图 2.1.30　对刀界面

Z 轴对刀完成后，X 轴对刀与 Z 轴对刀步骤一样，只是读取的是 X 轴直径值。

如图 2.1.31 所示，"刀具参数"对话框的注意要点如下。

（1）刀具名称选填，默认为空。

（2）刀组名称选填，默认为"0"。

（3）刀尖半径必填。

（4）刀沿号必填，用键盘上"左右"方向按键选择，点击"回车"按键确认。

（5）刀具类型必填，用键盘上"左右"方向按键选择，点击"回车"按键确认。

（6）切槽刀要设两个临近刀沿如 D_1 和 D_2 两个刀沿 X 轴对刀值一致；两刀沿的 Z 值差为槽宽。加工程序调用第一个刀沿。

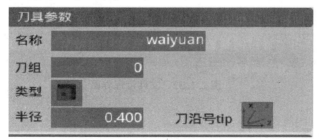

图 2.1.31　"刀具参数"对话框

8. 中断及返回操作

中断一般用在加工中出现缠屑和中间需要测量的环节。这时可以进行中断然后再启动，提高加工效率。

中断及返回操作的一般步骤如下：

第一步，程序执行过程中点击"中断" ▐▐ 按键（程序停止，系统显示空闲状态）；

第二步，手动摇出轴；

第三步，点击"返回" ▶ 按键（显示运行状态，循环启动灯长亮）；

第四步，点击"循环启动"按键返回断点（按照设置的返回方式返回）；

中断及返回操作注意事项如下：

（1）中断返回可以返回"中断点" 中断点位置 和"段起始" 段起始位置 ；

（2）"中断点"一般用于快速进刀、退刀的程序段，"段起始"一般用于插补指令（"段起始"指断点的上一个点）；

（3）返回的顺序可以在"参数设置"中设置，数值越小的轴返回的优先级越高。

9. 文件管理

i5智能车床可以进行类似Windows系统的文件管理操作，可以方便地进行程序文件的管理、系统文件的管理和U盘的文件传输，文件管理界面如图2.1.32所示。

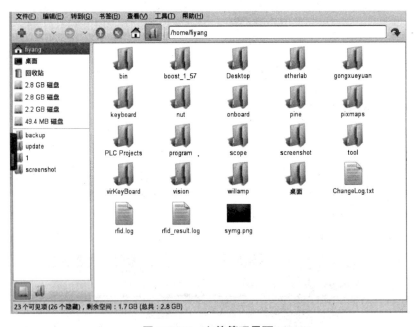

图2.1.32 文件管理界面

练习与提高

根据上面的车床操作知识进行以下操作：

（1）将车床开机；

（2）将车床进行移动；

（3）将外圆刀具和切槽刀具进行对刀操作；

（4）程序的文件管理；

（5）将车床关机。

任务三　酒杯零件加工编程

任务导入

思考如何编写小酒杯零件的加工程序，酒杯图纸如图 2.1.33 所示。

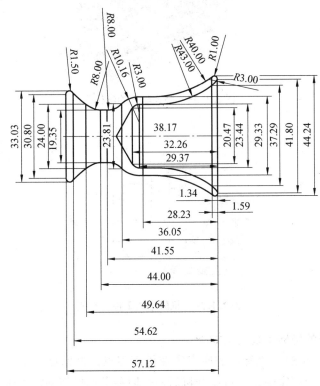

图 2.1.33　酒杯图纸

知识平台

1. 坐标系定义

机床中使用右手笛卡儿直角坐标系，如图 2.1.34 所示。机床中的运动是指刀具和工件之间的相对运动，通常假设为刀具相对于工件进行运动，卧式车床的坐标系如图 2.1.35 所示，机床中的工件如图 2.1.36 所示。

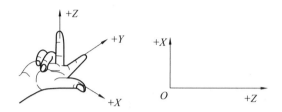

图 2.1.34　右手笛卡儿直角坐标系

图 2.1.35　卧式车床的坐标系

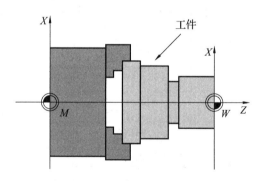

图 2.1.36　机床中的工件示意图

常用机床系统的坐标系统定义如下。

机床坐标系（MCS）：坐标系的原点定在机床零点，该原点也是所有坐标轴的零点位置。该点由机床生产厂家确定，机床开机后通过回参考点操作确定机床坐标系。

工件坐标系（WCS）：编写零件加工程序时所设定的坐标系，其中 Z 轴的零点可以任意设置，X 轴的零点始终位于旋转轴中心线上。工件坐标系通过可设定的零点偏置指令得到。

2. 直径半径设置

系统上电后，默认 X 轴以直径编程同时 DIAMON 或 DIAMOF 必须单独一行，直径编程如图 2.1.37 所示。

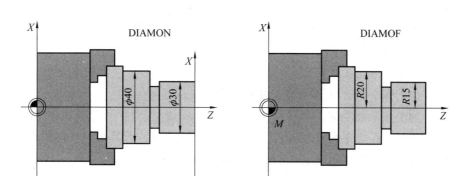

图 2.1.37 直径编程

DIAMON 为 X 轴以直径尺寸编程；

DIAMOF 为 X 轴以半径尺寸编程。

DIAMON 的直径编程示例如下。

N10 DIAMON

N20 G94 G01 X40 Z30 F100；X 轴直径数据方式

N30 G01 X50 Z25；DIAMON 继续生效

N40 G01 Z10

……

3. 零点偏置

通过 G501 设置相对工件坐标系的附加工件坐标系，零点偏置如图 2.1.38 所示。其中 G54~G59 为设置相对机床坐标系的工件坐标系。

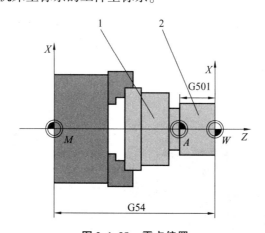

图 2.1.38 零点偏置

注意事项如下。

（1）G54~G59 这几个零点偏置是相互独立的，并且可以互相取代和互相取消。如果编写了 G54 之后，又在另一程序段中添加 G55，则 G54 自动取消，G55 生效。另外，G53 可以取消前面设定的所有零点偏置，使得坐标系恢复为机床坐标系。

（2）可设定零点和附加零点的 X 值都是半径值。

4. 坐标平面指令 G17、G18、G19

G17、G18、G19 的含义如下：

（1）G17 为工作平面 X/Y；

（2）G18 为工作平面 Z/X（系统上电默认为 G18）；

（3）G19 为工作平面 Y/Z。

工件进行加工，必须先确定工作平面。工作平面确定后，刀具半径补偿平面，以及刀具长度补偿的进刀方向也随之确定，坐标平面如图 2.1.39 所示。

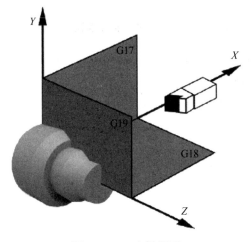

图 2.1.39　坐标平面

5. 快速定位指令 G00

G00 指令用于实现点对点的快速定位，不进行切削加工，运行轨迹为两点之间最短直线距离，速度由系统参数设定。用 G00 指令进行快速移动时在地址 F 下编程的进给速度无效，快速定位如图 2.1.40 所示。

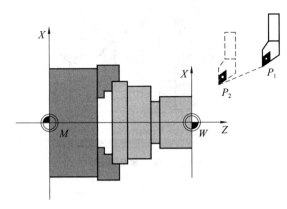

图 2.1.40　快速定位

6. 直线插补指令 G01

刀具以直线插补方式从起始点移动到目标点，进给轴以地址 F 下编程的进给速度进行单轴直线运行或以多轴合成进给速度运行斜线插补，其中直线插补如图2.1.41所示。

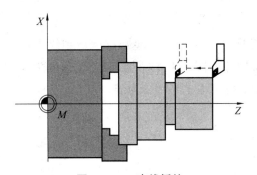

图 2.1.41　直线插补

程序示例如下。

N10 G54 G00 G90 X40 Z200 S500 M03 　　　技术定义，到达初始位置

N20 G01 G95 Z120 F0.15 　　　　　　　　进给量0.15 mm/r

N30 X45 Z105

N40 Z80

N50 G00 X100 　　　　　　　　　　　　　快速退回

N60 M02 　　　　　　　　　　　　　　　　程序结束

7. 角度直线插补指令 ANG

机床系统提供另外一种直线编程方式（角度定义编程 ANG），角度直线插补如图2.1.42所示。

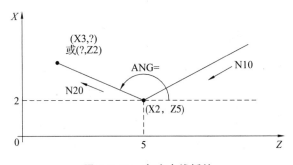

图 2.1.42　角度直线插补

程序示例如下。

N10 G94 G01 X2 Z5 F100

N20 G01 X3 ANG=120

或

N10 G94 G01 X2 Z5 F100

N20 G01 Z2 ANG=120

其中，ANG 为直线和 Z 轴正方向的夹角，逆时针为正。定义 ANG 角度时，正值范围为 0~359.999，负值范围为 -179.999~0。系统自动计算未知的坐标值，并运动到相应的

终点坐标位置。

8. 圆弧插补指令 G02 和 G03

圆弧插补指令规定刀具以圆弧轮廓从起始点运行到终点。其中 G02 为顺时针圆弧，G03 为逆时针圆弧，圆弧插补如图 2.1.43 所示。进给速度为编程格式中 F 之后的数值。G02 和 G03 为非模态指令。图纸以上半部分为准。

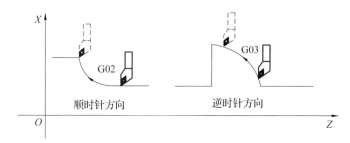

图 2.1.43　圆弧插补

程序格式如下。

G02 /G03 X_ Z_ CR_ F_

G02 /G03 I_ K_ CR_ F_

G02 /G03 AR =_ I_ K_ F_

G02 /G03 AR =_ X_ Z_ F_

其中：X、Z 为圆弧终点绝对坐标；CR 为圆弧半径；AR 为圆弧弧度；I、K 为圆心相对圆弧起点坐标增量；F 为圆弧插补的进给速度。

1）圆弧终点及圆心

I、K 圆弧插补如图 2.1.44 所示。

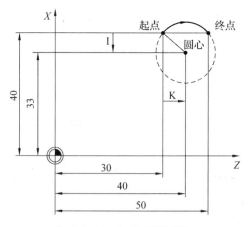

图 2.1.44　I、K 圆弧插补

程序示例如下。

N10 G90 G94 G01 Z30 X40 F100　　　　　　圆弧起始点

N20 G02 Z50 X40 K10 I-7　　　　　　　　终点和圆心

无论用绝对编程方式还是用相对编程方式，I、K 都为圆心相对于圆弧起点的坐标增量，I 为半径值。I、K 为零时可省略。

2）圆弧终点及半径

终点半径圆弧插补如图 2.1.45 所示。

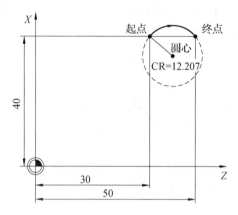

图 2.1.45 终点半径圆弧插补

程序示例如下。

N10 G90 G94 G01 Z30 X40 F100   圆弧起始点

N20 G02 Z50 X40 CR=12.207   终点和半径

当加工圆弧段所对的圆心角为 $0° \sim 180°$ 时，CR 取正值；当圆心角为 $180° \sim 360°$ 时，CR 取负值。

3）圆弧终点或圆心及圆弧张角

圆心张角圆弧插补如图 2.1.46 所示。

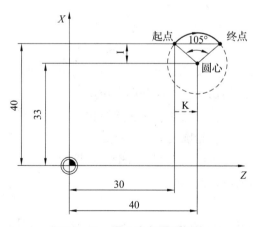

图 2.1.46 圆心张角圆弧插补

程序示例一如下。

N10 G90 G94 G01 Z30 X40 F100   圆弧起始点

N20 G02 Z50 X40 AR=105   终点和张角

程序示例二如下。

N10 G90 G94 G01 Z30 X40 F100　　　　圆弧起始点

N20 G02 K10 I-7 AR=105　　　　　　　圆心和张角

其中，AR 编程范围为 0≤AR<360。

4）整圆编程示例（只能用圆心编程格式）

整圆编程示例如图 2.1.47 所示。

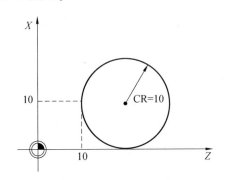

图 2.1.47　整圆编程示例

程序示例如下。

N10 G94 G01 X10 Z10 F100

N20 G03 X10 Z10 I0 K10 F60

当 CR 值为零时轨迹不动

9. 倒角和倒图指令 CHF、CHR、RND

程序格式如下。

CHF =_ 　　　　　插入倒角，数值为倒角长度

CHR =_ 　　　　　插入倒角，数值为倒角边长

RND =_ 　　　　　插入倒圆，数值为倒圆半径

倒角：程序格式为 CHF =_ 或 CHR =_ ，其含义是在直线轮廓之间、圆弧轮廓之间，以及直线轮廓和圆弧轮廓之间切入一直线并倒去棱角。

倒圆：程序格式为 RND =_ ，其含义是在直线轮廓之间、圆弧轮廓之间，以及直线轮廓和圆弧轮廓之间切入一圆弧，轮廓之间切线过渡。

在任何一个轮廓拐角处都可以插入倒角或倒圆，理论上讲可以使任意多的直线程序段发生关联，并且在其间插入倒角或倒圆。

特别说明：

（1）如果几个连续编程的程序段中有不含坐标轴移动指令的程序段，则不可以进行倒角或倒圆；

（2）程序格式中的"="不可以省略；

（3）倒角中间不允许改变零点偏置（G53～G59、G500/G501）和 T/D。

1）CHR 倒角

（1）直线与直线之间的 CHR 倒角如图 2.1.48 所示。

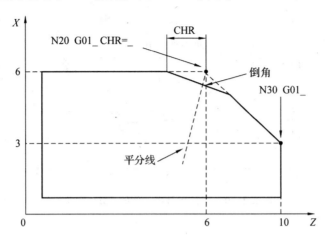

图 2.1.48　直线与直线之间的 CHR 倒角

程序示例如下。

N10 G94 G01 X6 Z1 F100

N20 G01 X6 Z6 CHR＝1

N30 G01 X3 Z10

（2）直线与圆弧之间的 CHR 倒角如图 2.1.49 所示。

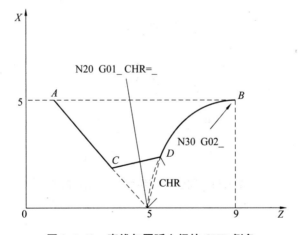

图 2.1.49　直线与圆弧之间的 CHR 倒角

程序示例如下。

N10 G94 G01 X5 Z1 F100

N20 G01 Z5 X0 CHR＝1

N30 G02 Z9 X5 CR＝_

（3）圆弧与直线之间的 CHR 倒角如图 2.1.50 所示。

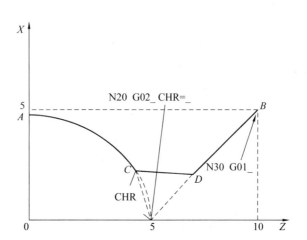

图 2.1.50 圆弧与直线之间的 CHR 倒角

程序示例如下。

N10 G94 G01 X5 Z0 F100

N20 G02 Z5 X0 CR=_ CHR=1

N30 G01 Z10 X5

（4）圆弧与圆弧之间的 CHR 倒角如图 2.1.51 所示。

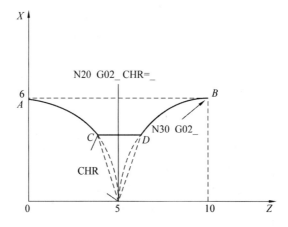

图 2.1.51 圆弧与圆弧之间的 CHR 倒角

程序示例如下。

N10 G94 G01 X6 Z0 F100

N20 G02 Z5 X0 CR=_ CHR=1

N30 G02 Z10 X6 CR=_

2）CHF 倒角

（1）直线与直线之间的 CHF 倒角如图 2.1.52 所示。

程序示例如下。

N10 G94 G01 X5 Z1 F100

N20 G01 X5 Z6 CHF=1

N30 G01 X2.5 Z8

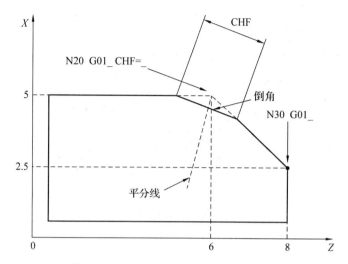

图 2.1.52 直线与直线之间的 CHF 倒角

（2）圆弧与直线之间的 CHF 倒角如图 2-53 所示。

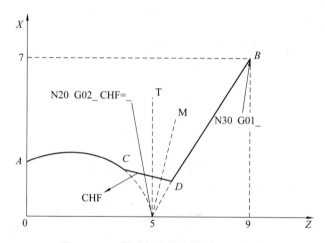

图 2.1.53 圆弧与直线之间的 CHF 倒角

程序示例如下。

N10 G94 G01 X2 Z0 F100

N20 G02 Z5 X0 CR=_ CHF=1 F100

N30 G01 Z9 X7

（3）直线与圆弧之间的 CHF 倒角如图 2.1.54 所示。

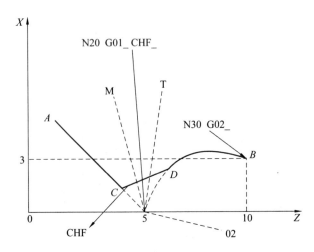

图 2.1.54 直线与圆弧之间的 CHF 倒角

程序示例如下。

N10 G94 G01 X5 Z1 F100

N20

G01 Z5 X0 CHF=1

N30 G02 Z10 X3 CR=_

（4）圆弧与圆弧之间的 CHF 倒角如图 2.1.55 所示。

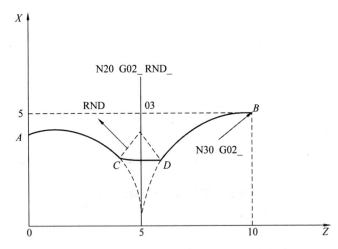

图 2.1.55 圆弧与圆弧之间的 CHF 倒角

程序示例如下。

N10 G94 G03 X0 Z5 F100

N20 G02 X5 Z10 RND=5

N30 G01 X5 Z20

3）倒圆指令 RND

倒圆指令 RND 与倒角指令 CHR 用法一样，倒圆指令 RND 如图 2.1.56 所示。

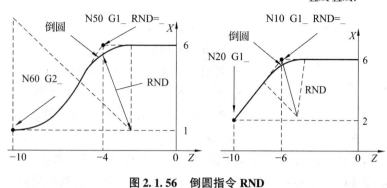

图 2.1.56 倒圆指令 RND

程序示例如下。

```
N10 G94 G01 X6 Z0 F100
N20 G01 X6 Z6 RND=5
N30 G01 X2 Z10
```

10. 进给量指令 G94 和 G95

G94 和 G95 指令中的进给量 F 是刀具移动的速度，它是所有移动坐标轴速度的矢量和的数值。

地址 F 的单位由 G94、G95 指令确定其中 G94 为直线进给量，进给量单位为 mm/min；G95 为旋转进给量，进给量单位为 mm/r。

G94 和 G95 用于定义进给速度的单位，G94 为默认指令，G95 则是在主轴旋转时才有意义。

程序示例如下。

```
N10 G94 F310              进给量为 310 mm/min
……
N110 S200 M03             主轴旋转
N120 G95 F1.5             进给量为 1.5 mm/r
```

注意：

（1）由于 G94 与 G95 的单位不一样，对应的 F 值相差很大，所以在进行 G94 和 G95 的切换时应该重新编程一个 F 值，否则可能引起危险。

（2）F 值必须大于 0，否则则会报警。如果在一个程序中没有编写 F，则 F 值为 0，坐标轴将不会运动。

11. 恒限速指令 G96 和取消恒限速指令 G97

G96 指令代表的含义为恒定切削速度；G97 指令代表的含义为取消恒定切削速度。

G96 指令生效以后，主轴转速随着当前加工工件直径的变化而变化，从而始终保证刀具切削点处编程的切削速度 S 为常数（主轴转速×直径＝常数）。

从 G96 程序段开始，地址 S 下的转速值作为切削速度处理。G96 为模态有效，直到被

G 功能组中其他指令（G94、G95、G97）替代为止。

程序示例如下。

G96 S_ LIM=_ F_	恒定切削生效
G97	取消恒定切削
S	切削线速度，单位为 m/min
LIM=	主轴转速上限，只在 G96 中生效
F	旋转进给量，单位为 mm/r，与 G95 中一样

具体说明如下：

（1）G96 指令也可以用 G94 或 G95 指令（同一个 G 功能组）取消；

（2）G96 模式内编程 G00 指令，主轴转速不会跟随 X 轴的位移变化而改变；

（3）G96 模式内编程 M05、M19 或 SPOS 指令后，再编程运动指令时，进给轴停止；

（4）G94、G95 或 G97 取代 G96 之后，需要重新编程定义 S、F 的值。

当工件从大直径加工到小直径时，主轴转速可能提高得非常多，因而建议给定一主轴转速极限值 LIM。LIM 只对 G96 指令生效。

LIM 的值不允许超出机床数据中设定的上、下限值，未编写时为 0。用 G97 指令可以取消恒定切削速度功能。如果 G97 生效，则地址 S 下的数值单位为 r/min，恒限速如图 2.1.57 所示。

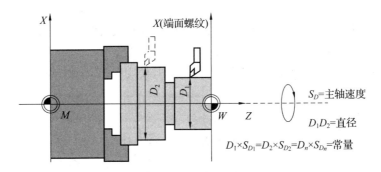

图 2.1.57 恒限速

程序示例如下。

N10 S600 M03	主轴旋转方向
N20 G96 S120 F0.5 LIM=2 500	恒定切削速度生效，120 m/min，转速上限为 2 500 r/min
N30 G01 F0.2 X32 Z_	进给量为 0.2 mm/r，主轴速度发生变化
……	
N180 G97 S400	取消恒定切削，新定义的主轴转速，单位为 r/min

12. 暂停指令 G04

通过在两个程序段之间插入一个 G04 程序段，可以使加工停顿一定时间。G04 程序段

（含地址 H）只在所插入的程序段有效，并暂停所给定的时间。

程序示例如下。

G04 H5_ 　　　　　　　　　　　　　　　　　　　暂停时间（5 s）

具体说明如下：

H 后所编写的数字，可以精确到小数点后面两位。但目前系统会对其进行自动取整处理。G04 指令必须独立于程序段。

13. 螺纹指令 G33

G33 指令是用来加工恒螺距的螺纹指令，螺纹指令如图 2.1.58 所示。

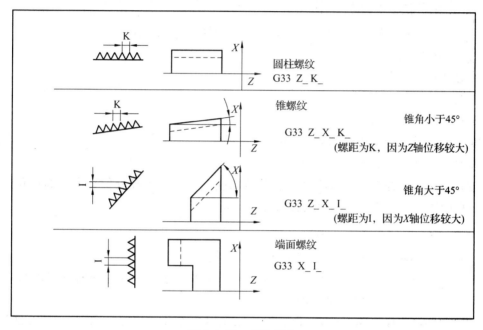

图 2.1.58　螺纹指令

具体说明如下：

（1）运用 G33 指令进行螺纹切削时，进给倍率开关不起作用；

（2）在具有 2 个坐标轴尺寸的锥螺纹加工中，螺距地址 I 或 K 下必须设置较大位移（较大螺纹长度）的螺纹尺寸，另一个较小的螺距尺寸不用给出；

（3）运用 G33 指令进行螺纹加工中，在地址 SF 下编程起始点偏移量（绝对位置），如果没有编程起始点偏移量，则认为没有偏移量；

（4）如果在螺纹结束处无退刀槽，结尾处会产生乱牙现象。

程序示例如下。

N10 G0 G90 X50 Z0 S500 M3

N20 G33 Z-100 K4 SF=40 　　　　　　　螺距 4 mm，螺纹长度 100 mm，螺纹起始角度为 40°

N30 G0 X60

N40 Z0

N50 X50

N60 G33 Z-100 K4 SF=220　　　　加工第二条螺纹线，起始角度220°

N70 G0 X54

锥螺纹（锥角小于45°）

N10 G0 G90 X0 Z0 S500 M3

N20 G33 X50 Z-100 K4　　　　　　螺距4 mm，螺纹长度100 mm

N30 G0 X60

N40 Z0

14. 刀尖半径补偿指令 G41、G42

（1）刀尖半径补偿指令激活时，不能编程下列指令：

① T、D 指令；

② G33 运动指令；

③ M 指令；

④ G94/G95 指令；

⑤ 平面选择指令 G17、G18、G19；

⑥ G25/G26 工作区域设置指令。

（2）刀尖半径补偿指令过程中不能直接切换左右刀尖半径补偿指令，如不允许 G41 指令下直接切换到 G42 指令，中间必须有 G40 指令。

15. 返零、参指令 G74、G75

G74 指令为返回参考点，G75 指令为返回固定点。

（1）程序段"G74 X20 Z20"含义为机床先以快速移动速度运动到"X20 Z20"点，再以返回参考点速度运动到 G74 设置的零点。

（2）程序段"G75 X20 Z20"含义为机床先以快速移动速度运动到"X20 Z20"点，再以返回参考点速度运动到 G75 设置的零点。

16. 刀具和刀具补偿指令 T、D

1）刀具指令 T

在车床系统中直接编程 T 指令进行换刀。

编程示例如下：

T_　　　　　　　　　　T 后跟两位数字，系统最多可配置100把刀具

2）刀具补偿指令 D

一个刀具可以匹配从1到9不同补偿的数据组（用于多个切削刃）。用 D 指令及其相应的序号可以编程一个专门的切削刃。刀具调用后，刀具长度补偿立即生效，如果没有编写 D 指令，则 D1 自动生效。如果编程 D0，则刀具补偿值无效。如果自动换刀失败，则当前刀位的 D1 自动生效。另外，手动换刀时，D1 自动生效。

程序示例如下。

N10 T1　　　　　　　　刀具1的D1值生效

N11 G0 X_ Z_　　　　　包含刀具长度补偿进行运动

| N50 T4 D2 | 更换成刀具4，对应于 T4 中 D2 值生效 |
| N70 G0 Z_ D1 | 刀具4的 D1 值生效，在此仅更换切削刃 |

17. 高级功能 R 变量

R 变量分为 R0 ~ R99 一共 100 个变量提供给用户使用。用户可以通过赋值方式给变量赋值，如 "R0 = 10"，也可以通过图形界面输入数值。

18. M 指令

M 指令如表 2.1.2 所示。

表 2.1.2　M 指令

代码	来源	功能（车床类）	功能（铣床类）
M00	CNC	程序暂停	程序暂停
M01	CNC	条件停	条件停
M02	CNC	程序结束	程序结束
M03	CNC	主轴正转	主轴正转
M04	CNC	主轴反转	主轴反转
M05	CNC	主轴停止	主轴停止
M06	PLC	自动换刀	自动换刀
M08	PLC	水冷泵启动	水冷泵启动
M09	PLC	水冷泵关闭	水冷泵关闭
M10	PLC	卡盘关闭	卡盘关闭
M11	PLC	卡盘打开	卡盘打开
M15	PLC	排屑器正转	排屑器正转
M16	PLC	排屑器停	排屑器停
M19	CNC	主轴定位	主轴定位
M22	PLC	防护门打开	防护门打开
M23	PLC	防护门关闭	防护门关闭
M24	PLC	气动天窗打开	气动天窗打开
M25	PLC	气动天窗关闭	气动天窗关闭
M30	CNC	程序结束	程序结束
M32	PLC	尾座向前	套筒向前
M33	PLC	尾座向后	套筒向后
M38	PLC	对刀仪伸出	对刀仪伸出
M39	PLC	对刀仪退回	对刀仪退回

续表

代码	来源	功能（车床类）	功能（铣床类）
M90	CNC	工件计数加 1	工件计数加 1
M301	PLC	机器人换料请求开始	机器人换料请求开始
M302	PLC	清屑吹气开始	清屑吹气开始
M303	PLC	清屑吹气结束	清屑吹气结束
M311	PLC	机器人上料请求开始	机器人上料请求开始
M312	PLC	机器人下料请求开始	机器人下料请求开始
M321	PLC	请求机器人更换工件 3	请求机器人更换工件 3
M333	PLC	主轴旋转限制取消	主轴旋转限制取消
M334	PLC	主轴旋转限制生效	主轴旋转限制生效
M321	PLC	请求机器人更换工件 3	请求机器人更换工件 3
M361	PLC	水门 1 打开冷却泵启动	水门 1 打开冷却泵启动
M362	PLC	水门 2 开冷却泵启动	水门 2 开冷却泵启动
M363	PLC	水门 3 开冷却泵启动	水门 3 开冷却泵启动
M364	PLC	水门 4 冷却泵启动	水门 4 冷却泵启动
M365	PLC	水门 1 关闭	水门 1 关闭
M366	PLC	水门 2 关闭	水门 2 关闭
M367	PLC	水门 3 关闭	水门 3 关闭
M368	PLC	水门 4 关闭	水门 4 关闭
M369	PLC	水门全部关闭	水门全部关闭

19. G 指令

G 指令如表 2.1.3 所示。

表 2.1.3　G 指令

代码	含义	格式
G00	快速定位	G00 X_ Z_
G01	直线插补	G01 X_ Z_ F_
G02	顺时针圆弧插补	G02 Z_ Z_ I_ K_ F_ G02 X_ Z_ CR =_ F_ G02 AR =_ X_ Z_ F_
G03	逆时针圆弧插补	G03 其他同 G02

续表

代码	含义	格式
G33	恒螺距螺纹插补	G33 Z_ K_ SF=_ EP=_
		G33 X_ I_ SF=_ EP=_
		G33 Z_ X_ K_ SF=_ EP=_
		G33 Z_ X_ I_ SF=_ EP=_
G04	暂停	G04 H_
G74	返回参考点	G74 X_ Z_
G75	返回固定点	G75 X_ Z_
G25	工作区域下限	G25 X_ Z_
G26	工作区域上限	G26 X_ Z_
G17	X/Y 平面	
G18	Z/X 平面	
G19	Y/Z 平面	
G40	刀尖半径补偿取消	
G41	刀尖左补偿	刀具在轮廓左侧移动
G42	刀尖右补偿	刀具在轮廓右侧移动
G500	取消可附加零点偏移	
G501	设定可附加零点偏移	
G54	第一可设定零点偏移	
G55	第二可设定零点偏移	
G56	第三可设定零点偏移	
G57	第四可设定零点偏移	
G58	第五可设定零点偏移	
G59	第六可设定零点偏移	
G53	取消可设定零点偏移	
G60	准确定位方式模态有效	
G64	连续路径加工模态有效	
G09	非模态准确定位	
G70	英制尺寸	
G71	公制尺寸	
G90	绝对尺寸	
G91	增量尺寸	
G94	分进给，单位为 mm/min	

代码	含义	格式
G95	转进给，单位为 mm/r	
G96	使用恒定切削速度	G96 S_ LIM=_ F_
G97	取消恒定切削速度	

20. 小酒杯程序

主程序如下。

```
G95 G90

T1 D1

M3 S1600 F0.2

G0 X65 Z2

CYCLE95 ("a3", 1, 0, 0, 0, 0.3, 0, 0, 2, 2, 50, 0)

G0 X100 Z100

G18

T6 D1

G0 X100 Z100

G0 X0 Z2

CYCLE81 (10, 0, 2, -3, 0)

G0 X100 Z100

T7 D1

G0 X0 Z15

CYCLE83 (10, 0, 2, -38.174, 0, -10, 0, 3, 2, 0, 1, 0)

G0 X100 Z100

G18

T3 D1

G0 X100 Z100

G0 X19 Z2

CYCLE95 ("a4", 1, 0.1, 0.4, 0, 0.2, 0.1, 0.2, 3, 2, 50, 0)

G0 X100 Z100

T4 D1

G0 X100 Z100

G0 X19 Z2

CYCLE95 ("a4", 1, 0, 0, 0, 0.2, 0.1, 0.2, 7, 2, 50, 0)

G0 X100 Z100

T1 D1

G0 X100 Z100
```

```
G0 X65 Z5

CYCLE95 ("a5", 1, 0.1, 0.4, 0, 0.3, 0, 0, 1, 2, 50, 0)

G0 X100 Z100

T2 D1

G0 X100 Z100

G0 X65 Z5

CYCLE95 ("a5", 1, 0, 0, 0, 0.3, 0, 0, 5, 0, 0, 0)

G0 X100 Z100

T5 D1

G0 X100 Z100

Z-50

CYCLE93 (30, -55.97, 15, 26.2/2, 0, 0, 25, 0, 0, 0, 0, 0.2, 0.3, 5,
1, 5, 0)

G0 X100 Z100

T8 D1

G0 X65 Z-55.62

CYCLE95 ("a6", 1, 0, 0, 0, 0.3, 0, 0, 9, 2, 50, 0)

G0 X100 Z100

M30
```

端面子程序（a3.iso）如下。

```
G1 X65 Z0

X0

Z5
```

内孔轮廓子程序（a4.iso）如下。

```
G1 X43 Z0

X41.8

G2 X37.291 Z-1.345 CR=3

G2 X23.444 Z-28.233 CR=43

G3 X20.474 Z-32.233 CR=3

G0 X19
```

外圆轮廓子程序（a5.iso）如下。

```
G1 X39 Z0

X41.8

G3 X44.24 Z-1.59 CR=1.005

G2 X29.33 Z-28.23 CR=40

G3 X23.81 Z-36.05 CR=10.16

G2 X19.35 Z-41.55 CR=8

G1 Z-44
```

G2 X24 Z-49.64 CR=8

G1 X33.03 Z-54.62

G3 X33.8 Z-55.62 CR=1.5

G1 Z-58

G1 X65

酒杯底座倒角子程序（a6. iso）如下。

G1 X30.8 Z-57.12

G2 X33.8 Z-55.62 CR=1.5

G0 X65

练习与提高

1. 对毛坯为 ϕ35 mm×100 mm 的棒料完成以下操作。

（1）选择夹紧方式；（2）选择刀具；（3）用 i5 智能车床编写图 2.1.59 的精加工程序。

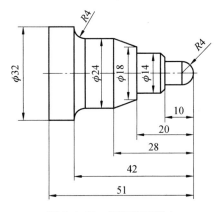

图 2.1.59　编程练习图 1

2. 对毛坯为 ϕ40 mm×100 mm 的棒料完成以下操作。

（1）选择夹紧方式；（2）选择刀具；（3）用 i5 智能车床编写图 2.1.60 的精加工程序。

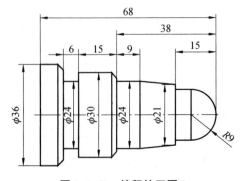

图 2.1.60　编程练习图 2

模块三

智能机床轴套类组合件的车削加工

项目

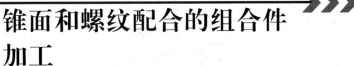

锥面和螺纹配合的组合件加工

■/\ **项目目标** ----

◆ 了解锥面和螺纹配合的组合件加工要求。
◆ 掌握组合件加工工艺分析流程及加工工艺卡片的填写规范。
◆ 掌握智能车床的循环编程指令及螺纹加工指令。
◆ 掌握智能车床配合件的首件试切及批量加工。

■/\ **任务列表** ----

	学习任务	知识点	能力要求
任务一	组合件的车削加工要求及加工工艺分析	组合件的车削加工工艺分析流程及加工工艺卡片填写	掌握数控加工刀具和夹具的选择
任务二	轴套零件的数控编程及加工	i5 智能车床的内表面循环指令和螺纹加工指令的应用	掌握配合后零件的加工及精度的保障

任务一   组合件的车削加工要求及加工工艺分析

■/\ **任务导入** ----

如图 3.1.1 所示，锥轴组合件由圆锥心轴（零件1）和锥套（零件2）两个零件组成，现要求加工图示零件，使其配合后满足装配图要求，零件毛坯尺寸为 $\phi45$ mm×135 mm，材料为 45 钢。请进行车削加工工艺分析并给出初步工艺方案。

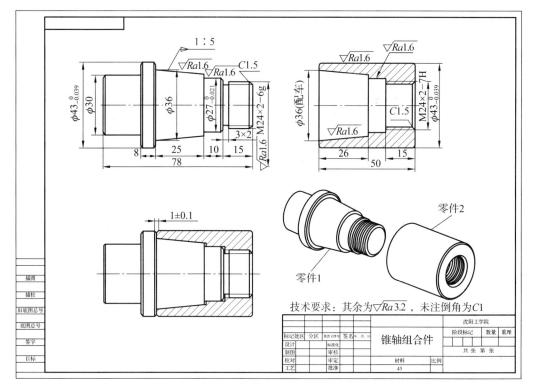

图 3.1.1　锥轴组合件

知识平台

1. 组合件的车削加工工艺分析

组合件的加工是数控车削过程中难度较高的加工项目，其原因是组合件实际上是分开加工的，但两个或多个组合件的精度必须严格控制在图纸的指定范围内，用以保证组合件的各个部件能够在组装后良好使用。同时，各部件既要满足图纸上的要求，也要根据现场的情况进行微调，这些都对技术人员的水平有较高的要求。

1）组合件加工的基本要求

组合件的尺寸要求为：属于间隙配合的组合件中的孔类工件一般采用上偏差，轴类工件一般采用下偏差；属于过渡配合的则根据尺寸公差要求进行加工。加工时先加工的零件要按图纸要求检测工件，保证零件的各项技术要求；后加工的组合件一定要在工件不拆卸的情况下进行试配，保证配合技术要求。

2）提高组合件零件加工质量的措施

数控加工时，零件的表面粗糙度是重要的质量指标，只有在尺寸精度合格，并且其表面粗糙度达图纸要求时，才能算合格零件。所以，要保证零件的表面质量，应该采取以下措施。

（1）工艺。数控车床所能达到的经济表面粗糙度一般在 $Ra1.6 \sim 3.2 \ \mu m$ 之间，如果要求表面粗糙度小于 $Ra1.6 \ \mu m$，则应该在工艺上采取更为经济的磨削方法或者其他精加工技术措施。

（2）刀具。要根据零件材料的牌号和切削性能正确选择刀具的类型、牌号和刀具的几何参数，特别是前角、后角和修光刃等。

（3）切削用量。在零件精加工时切削用量的选择是否合理将直接影响零件表面加工质量，如果精加工余量已经很小，且精车达不到表面粗糙度要求时，再采取技术措施就有尺寸超差的危险。因此加工时要注意以下几点。

① 精车时选择较高的主轴转速和较小的进给量，以提高零件表面粗糙度。

② 对于硬质合金车刀，要根据刀具几何角度，合理留出精加工余量。例如，正常角的刀具加工时，精加工余量要小；负前角的刀具加工时，精加工余量要适当大一些。又如刀尖圆角半径对表面粗糙度的影响较大，精加工时应该有较小的刀尖圆角半径和较小的进给量，因此建议精加工时刀尖圆角半径 $r = 0.4 \sim 0.6 \ mm$，进给量 $f = 0.25 \ mm/r$。

③ 针对表面粗糙度不易达到要求的某些难加工材料，应选用相应的带涂层刀片的机夹式车刀进行精车加工，这有利于提高零件表面粗糙度。

④ 车削螺纹时，除了保证螺纹的尺寸精度外，还要达到表面粗糙度要求。由于径向车螺纹时两侧刃和刀尖都参加切削，故负荷较大，容易引起振动，使螺纹表面产生波纹。所以，每次的切削深度不宜太大，而且要逐渐减小，最后一次可以空走刀精车，以切除加工中弹性让刀的余量。

2. 零件表面数控车削加工方案的确定

1）数控车削外回转表面及端面的加工方案的确定

一般根据零件的加工精度、表面粗糙度、材料、结构形状、尺寸，及生产类型确定零件表面的数控车削加工方法及加工方案。

（1）加工精度为 IT7 ~ IT8 级、表面粗糙度为 $Ra0.8 \sim 1.6 \ \mu m$ 的除淬火钢以外的常用金属，可采用普通型数控车床，按粗车、半精车、精车的方案加工。

（2）加工精度为 IT5 ~ IT6 级、表面粗糙度为 $Ra0.2 \sim 0.63 \ \mu m$ 的除淬火钢以外的常用金属，可采用精密型数控车床，按粗车、半精车、精车、细车的方案加工。

（3）加工精度高于 IT5 级、表面粗糙度小于 $Ra0.08 \ \mu m$ 的除淬火钢以外的常用金属，可采用高档精密型数控车床，按粗车、半精车、精车、精密车的方案加工。

（4）对淬火钢等难车削材料，其淬火前可采用粗车、半精车的方法，淬火后采用磨削加工。

2）数控车削内回转表面及端面的加工方案的确定

（1）加工精度为 IT8 ~ IT9 级、表面粗糙度为 $Ra1.6 \sim 3.2 \ \mu m$ 的除淬火钢以外的常用金属，可采用普通型数控车床，按粗车、半精车、精车的方案加工。

（2）加工精度为 IT6 ~ IT7 级、表面粗糙度为 $Ra0.2 \sim 0.63 \ \mu m$ 的除淬火钢以外的常用金属，可采用精密型数控车床，按粗车、半精车、精车、细车的方案加工。

（3）加工精度为 IT5 级、表面粗糙度小于 $Ra0.2\ \mu m$ 的除淬火钢以外的常用金属，可采用高档精密型数控车床，按粗车、半精车、精车、细车的方案加工。

（4）对淬火钢等难车削材料，同样其淬火前可采用粗车、半精车的方法，淬火后采用磨削加工。

3. 图样分析

1）装配分析

图 3.1.1 所示的组合件中，零件 1 和零件 2 之间保证间距（1 ± 0.10）mm 的配合间隙。该尺寸在配合后用塞尺进行检查，决定该配合尺寸的关键技术是内、外圆锥的配合加工方法，建议先加工零件 2，再以零件 2 为基准去配合加工零件 1，这两个零件的配合质量，直接关系装配图中的技术要求是否能实现。

2）零件分析

零件 1 是一个轴类零件，其圆柱面、圆锥面、螺纹都属配合表面，尺寸精度要求较高，表面粗糙度小于或等于 $Ra1.6\ \mu m$；零件 2 是一个套类零件，外轮廓较简单，内轮廓由内孔、内锥面、内螺纹构成，属装配表面，须保证其形状、尺寸，及形位精度要求。

4. 加工工艺分析

从零件的加工工艺性和装配图的技术要求两方面综合考虑，两个零件的加工顺序为：零件 2—零件 1。

1）零件 1 工艺性分析

零件 1 在加工中可以采用自定心卡盘装夹的方法安排工艺，加工完零件左端后，接着掉头并校正，再加工零件右端轮廓。

2）零件 2 工艺性分析

零件 2 采用自定心卡盘装夹，需两次装夹完成。内轮廓由内锥面构成，属装配表面，需保证其形状、尺寸和形位精度要求。该零件的难点是内腔加工，应尽量缩短镗刀刀杆长度以增加刀具刚性，在加工中选用切削用量时，走刀量和背吃刀量适当选小些，以减小切削力。为提高加工效率，切削速度可适当取大些。

注意：加工时不拆除零件 1，零件 2 与之试配并进行修整，以保证各项配合精度。

5. 填写加工工艺卡

零件 2 加工工艺卡片如表 3.1.1 所示，零件 1 加工工艺卡片如表 3.1.2 所示。

表3.1.1　零件2加工工艺卡片

工序号	刀具号	工步号	工步内容	装夹方式	切削大径/mm	切削小径/mm	切削速度/(m·min⁻¹)	主轴转速/(r·min⁻¹)	切削深度/mm	每转进给/(mm·r⁻¹)	切削长度/mm	切削次数	切削时间/s
1	1	1	车右端面	自定心卡盘卡φ50 mm外圆,盘端面定位,要求露出72 mm的加工量	45	0	150	2 400	1.0	0.20	22	1	3
	2	2	粗、精车外轮廓并倒角C1		42	20	150	1 600	1.0	0.20	30	10	56
	3	3	钻中心孔、钻长度55 mm内孔		42	20	150	1 000	0.5	0.10	30	1	12
	1	5	粗、精车左端的1:5锥孔		45	20	150	1 600	0.5	0.10	57	1	20
	4	6	切断、掉头装夹,车端面,保证总长		45	0	75	1 200	3.0	0.05	22	1	22
	5	7	加工右端内螺纹底孔		24	24	75	1 200	0.5	0.20	15	3	20
	6	8	车右端内螺纹		24	24	75	1 200	0.5	2.00	15	3	20

山特维克部分刀具清单(刀具、刀片、作用)

刀具号	刀具	刀片	作用
1	DCLNL2525M12	DNMG120404-PR	外圆粗车刀
2	SVJBR2525M16	VBMT160404-PF	外圆精车刀
3	直径19.5 mm钻头、直径3 mm中心钻SSD		中心钻、钻头
4	MGEHR2525-3C	N123G203000002-TF	切槽刀
5	S20VSLCR12	VBMT160404-PF	内孔精加工刀
6	266RKF-20-RE	266RG-16MM01A050M	内螺纹车刀

表3.1.2 零件1加工工艺卡片

工序号	刀具号	工步号	工步内容	装夹方式	切削大径/mm	切削小径/mm	切削速度/(m·min⁻¹)	主轴转速/(r·min⁻¹)	切削深度/mm	每转进给/(mm·r⁻¹)	切削长度/mm	切削次数	切削时间/s
2	1	1	车右端面	自定心卡盘卡φ50 外圆，卡盘端面定位，要求露出72 mm的加工量	45	0	150	2 400	1.0	0.2	22	1	3
	2	2	粗、精车外轮廓并倒角C1		42	20	150	1 600	1.0	0.2	30	10	56
	3	3	掉头车端面保证总长		42	20	150	1 000	0.5	0.1	30	1	12
			车外螺纹		24	24	100	600	0.2	2.0	15	5	20
	2	5	粗、精车左端的1∶5锥面		45	20	150	1 600	0.5	0.1	57	1	20

山特维克部分刀具清单（刀具、刀片、作用）

1	DCLNL2525M12	DNMG120404-PR	外圆粗车刀
2	SVJBR2525M16	VBMT160404-PF	外圆精车刀
3	266RFG-3232-16	266RG-16MM01A050M	外螺纹车刀
4	MGEHR2525-3C	N123G203000002-TF	切槽刀

练习与提高

1. 试分析如图3.1.2所示零件的加工工艺。

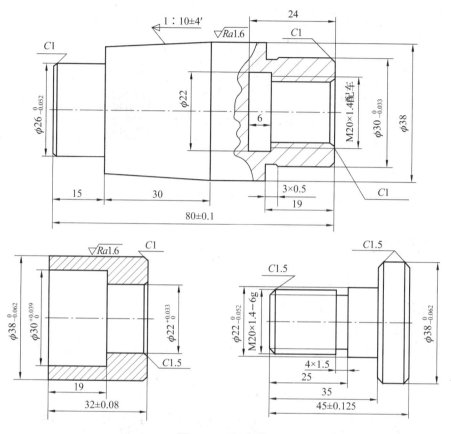

图 3.1.2　组合件

任务二　轴套零件的数控编程及加工

任务导入

请分析下面零件的加工工艺及刀具选择，并利用 i5 智能车床进行编程，内孔零件如图 3.1.3 所示。

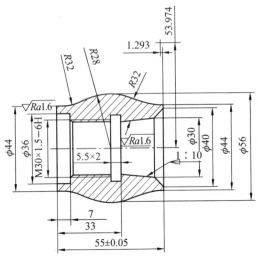

技术要求：
1.未注倒角C1.5
2.表面粗糙度其余为▽Ra3.2
3.锐边倒钝C0.5
4.未注尺寸公差按IT12加工和检验

图 3.1.3　内孔零件

知识平台

1. 切槽循环 CYCLE93

（1）循环定义为凹槽 CYCLE93。

（2）CYCLE93 编程格式如下。

CYCLE93（AXFA，AXSA，WIDG，DEPG，ANGC，ANG1，ANG2，RCO1，RCO2，
RCI1，RCI2，FAL1，FAL2，IDEP，DWT，TYP，VRT）

（3）CYCLE93 编程界面如图 3.1.4 所示。

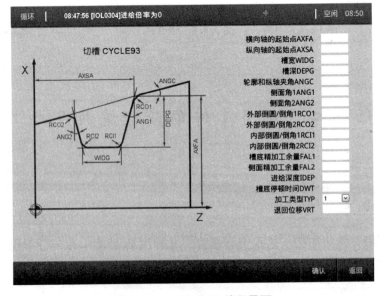

图 3.1.4　CYCLE93 编程界面

（4）CYCLE93 参数界面，如图 3.1.5 所示。

参数	含　义
AXFA	横向坐标轴起始点（半径值输入）
AXSA	纵向坐标轴起始点（绝对坐标）
WIDG	切槽宽度（无符号输入）
DEPG	切槽深度（无符号输入，半径值输入）
ANGC	轮廓和纵向轴之间的角度， 范围值为 0≤ANGC≤180
ANG1	侧面角1：在切槽一边，由起始点决定（无符号 输入），范围值为 0≤ANG1<89.999
ANG2	侧面角2：在另一边（无符号输入）， 范围值为 0≤ANG2<89.999
RCO1	半径/倒角1，外部：位于由起始点决定的一边
RCO2	半径/倒角2，外部
RCI1	半径/倒角1，内部：位于起始点侧
RCI2	半径/倒角2，内部
FAL1	槽底的精加工余量（半径值输入）
FAL2	侧面的精加工余量（半径值输入）
IDEP	进给深度（无符号输入）
DWT	槽底停顿时间
TYP	加工类型，范围值为 1~8 和 11~18
VRT	退回位移，增量（无符号输入）

图 3.1.5　CYCLE93 参数界面

（5）CYCLE93 加工类型。TYP（加工类型）：槽的加工类型由参数 TYP 定义，加工类型选择如图 3.1.6 所示。TYP1~8 倒角按 CHF 方式编程；TYP11~18 倒角按 CHR 方式编程。

（6）使用 CYCLE93 的注意事项如下。

① RCO1、RCO2、RCI1、RCI2 参数正号表示倒圆角，负号表示倒斜角。

② 调用切槽循环之前，必须使能一个双刀沿刀具。

③ 两个切削沿的长度补偿必须以两个连续刀具补偿号保存，而且在首次循环调用之前必须激活第一个刀具号。

④ 循环本身定义将在相应的加工步骤使用相应的刀具补偿值，并自动使能。

⑤ 循环结束后，在循环调用之前编程的刀具补偿号重新有效。

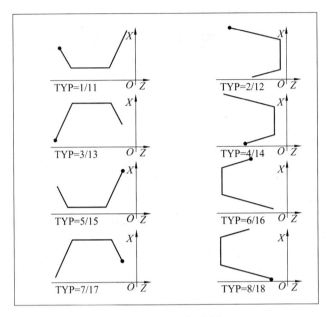

图 3.1.6　加工类型选择

（7）CYCLE93 切槽实例如图 3.1.7 所示。

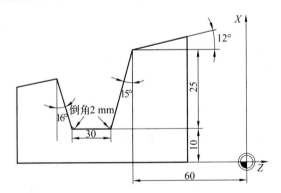

图 3.1.7　CYCLE93 切槽实例

程序示例如下。

N10 G90 G0 X100 Z100 T5 D1 S400 M3

N20 G95 F0.2

N30 CYCLE93 (35, -60, 30, 25, 12, 15, 16, 0, 0, -2, -2, 0.5, 0.5,

1, 0, 5, 1)

N40 G90 G0 X100

N50 Z100

N60 M02

2. 毛坯切削循环 CYCLE95

（1）循环定义为凹槽 CYCLE95。

（2）CYCLE95 编程格式如下。

CYCLE95（NSP，IDEP，FALZ，FALX，FAL，FF1，FF2，FF3，TYP，DWT，DAM，VRT）

（3）CYCLE95 编程界面如图 3.1.8 所示。

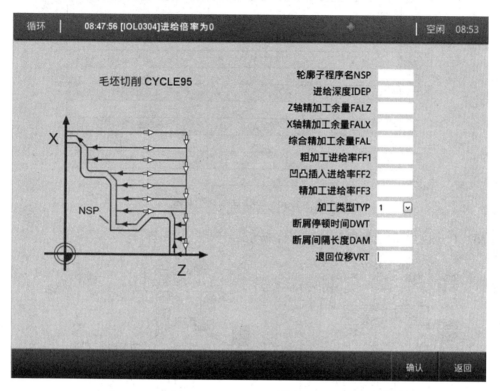

图 3.1.8　CYCLE95 编程界面

（4）CYCLE95 界面参数如图 3.1.9 所示。

参数	含义
NSP	轮廓子程序名
IDEP	进给深度（无符号输入，按半径输入）
FALZ	Z轴精加工余量：在纵向轴的精加工余量（无符号输入）
FALX	X轴精加工余量：在横向轴的精加工余量（无符号输入，按半径输入）
FAL	综合精加工余量：沿轮廓的精加工余量（无符号输入）
FF1	粗加工进给量
FF2	进入凹凸切削的进给量
FF3	精加工进给量
TYP	加工类型，范围值为1~12
DWT	断屑停顿时间：粗加工时用于断屑的停顿时间
DAM	断屑间隔长度：粗加工时用于断屑的间隔长度
VRT	粗加工时从轮廓的退回行程，增量（无符号输入）

图 3.1.9　CYCLE95 界面参数

（5）毛坯切削加工类型如图 3.1.10 所示。

值	纵向/端面/（L/P）	外部/内部/(A/I)	粗加工/精加工/综合加工
1	L	A	粗加工
2	P	A	粗加工
3	L	I	粗加工
4	P	I	粗加工
5	L	A	精加工
6	P	A	精加工
7	L	I	精加工
8	P	I	精加工
9	L	A	综合加工
10	P	A	综合加工
11	L	I	综合加工
12	P	I	综合加工

图 3.1.10　毛坯切削加工类型

（6）CYCLE95 加工类型如图 3.1.11 所示。

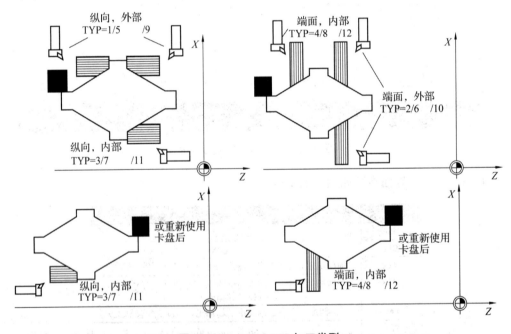

图 3.1.11　CYCLE95 加工类型

（7）CYCLE95 主程序说明如下。

① 轮廓子程序名：同程序一样，但是后缀名必须是 iso，程序里只需要编写轮廓轨迹。

② 进给深度：每次加工最大进给深度，系统自动计算（X 方向采用半径值计算）。

③ 进入凹凸切削的进给量：进入凹处的进给速度。

④ 粗加工时从轮廓的退回行程：是指粗加工后退回距离，不填时系统内部做"1"处理。进刀方式是根据类型和轮廓轨迹决定的。

（8）CYCLE95 子程序说明如下。

① 轮廓必须包括至少 3 个运动程序段。

② 轮廓中只允许使用 G0、G1、G2 和 G3 编程的直线和圆弧，以及倒角、倒圆指令。

③ 第一个运动程序段必须包含一个动作指令 G0、G1、G2 或 G3，并且必须始终编程两个坐标值。

④ 不可以在子程序中使用 G54～G59 和 G501 等指令进行坐标系变换。

⑤ G70、G71 和 DIAMON、DIAMOF 等技术定义只能在调用循环前进行声明。

（9）编程图纸如图 3.1.12 所示。

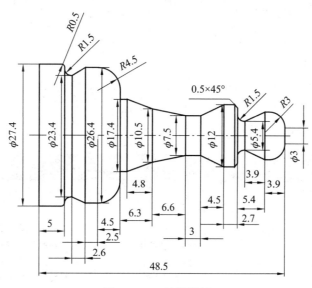

图 3.1.12　编程图纸

程序示例如下。

N10 G95	定义旋转进给量
N20 T1 D1	调用外圆车刀
N30 M03 S500	主轴正转
N40 G0 X86 Z5	循环调用前的起始位置
N50 CYCLE95 ("xiangqi", 1, 0.2, 0.2, 0.1, 0.1, 0.1, 0.1, 9, 0, 0, 1)	循环调用
N60 G00 X100	X 向退刀
N70 Z100	Z 向退刀
N80 M05	主轴停止
N90 M02	程序结束
N10 G01 X3 Z0	N110 G01 X10.5 Z-26.1
N20 G03 X9 Z-3 CR=3	N120 G01 X17.4 Z-30.9

N30 G01 Z-3.9

N40 G01 X5.4 Z.7.8

N50 G02 X8.4 Z-9.3 CR=1.5

N60 G01 X11 Z-9.3

N70 G01 X12 Z-9.8

N80 G01 Z-12

N90 G01 X7.5 Z-16.5

N100 G01 Z-19.5

N130 G01 Z-32.4

N140 G03 X26.4 Z-36.9 CR=4.5

N150 G01 X23.4 Z-42

N160 G02 X26.4 Z-43.5 CR-1.5

N 170 G03 X27.4 Z-44 CR=0.5

N180 G01 Z-49

N 190 G01 X30

3. 螺纹切削循环 CYCLE97

（1）循环定义为螺纹切削 CYCLE97。

（2）编程格式如下。

CYCLE97（PIT，MPIT，AXSA，AXSE，DM1，DM2，RIP，ROP，TDEP，FAL，IANG，ANGD，NRC，NIP，TYP，NUMT，VRT，LRP）

（3）CYCLE97 编程界面如图 3.1.13 所示。

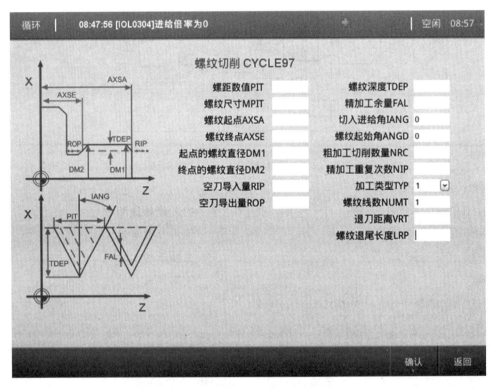

图 3.1.13 CYCLE97 编程界面

（4）CYCLE97 参数界面如图 3.1.14 所示。

参数	含义
PIT	螺距作为数值（无符号输入）
MPIT	螺距产生于螺纹尺寸范围值为 3~60（M3~M60）
AXSA	螺纹起始点位于纵向轴上
AXSE	螺纹终点位于纵向轴上
DM1	起始点的螺纹直径
DM2	终点的螺纹直径
RIP	空刀导入量（无符号输入）
ROP	空刀退出量（无符号输入）
TDEP	螺纹深度（无符号输入）（半径值）
FAL	精加工余量（无符号输入）
IANG	切入进给角范围值为"＋"（用于在侧面的侧面进给）"－"（用于在交互的侧面进给）
ANGD	首圈螺纹的起始点偏移（无符号输入）
NRC	粗加工切削数量（无符号输入）
NIP	精加工重复切削数量（无符号输入）
TYP	定义螺纹的加工类型，范围值为 1~4
NUMT	螺纹数量（无符号输入）
VRT	退刀距离（无符号输入）
LRP	螺纹退尾长度（无符号输入）

图 3.1.14　CYCLE97 参数界面

（5）CYCLE97 加工类型如图 3.1.15 所示。

值	外部/内部(A/I)	恒定进给/恒定切削截面积
1	A	恒定进给
2	I	恒定进给
3	A	恒定切削截面积
4	I	恒定切削截面积

图 3.1.15　CYCLE97 加工类型

（6）使用 CYCLE97 的注意事项如下。

① 循环的起始点是"起点直径坐标+空刀导入量距离"。

② IANG（切入角）：参数的绝对值必须设为刀具侧面角的一半值。如果是正值，进给始终在同一侧面执行，如果是负值，进给则在两个侧面分别执行。

（7）CYCLE97 编程示例图纸如图 3.1.16 所示。

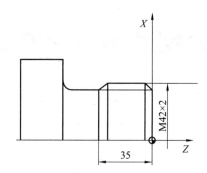

图 3.1.16　CYCLE97 编程示例图纸

程序示例如下。

N10 T1 D1 M4 S1000

N20 G90 G0 X100 Z100　　　　　　　　　　　　选择起始位置

N30 CYCLE97 (2, 0, 0, -35, 42, 42, 5, 5, 1.3, 0.5, 30, 0, 5, 2, 3,
1, 1, 2)　　　　　　　　　　　　循环调用

N40 G0 X100　　　　　　　　　　　　退刀

N50 Z100　　　　　　　　　　　　退刀

N60 M02　　　　　　　　　　　　程序结束

(8) 组合件加工编程步骤如下。

① 坐标系设定：坐标系零点可以设在工件右侧端面与轴线的交点位置。

② 刀具选择：端面和外轮廓可以选用粗加工刀具。

③ 装夹选择：按加工工艺卡片进行装夹、加工顺序为：加工零件 2；粗、半精加工零件 1；配合精加工零件 1。

④ 计算编程尺寸：按轮廓进行尺寸计算。

⑤ 编制程序。根据图 3.1.1，有以下编程示例。

内孔加工主程序（ZKX1.mpf）如下。

G95

M3 S1 000

T1 D1

G0 X65 Z5

CYCLE95 ("Z1", 1, 0, 0.15, 0, 0.25, 0.25, 0, 2, 0, 0, 0)

毛坯切削 CYCLE95 平端面程序如下。

S1 500

G0 X100 Z150

T2 D1

CYCLE95 ("Z2", 0.5, 0, 0, 0, 0, 0.15, 0.15, 9, 0, 0, 0)

毛坯切削 CYCLE95 加工内孔程序如下。

G0 X200 Z150

M05

M4 S1 000

```
T6 D1

G0 X35

Z-20

CYCLE97 (2, 0, -35, -50, 24, 24, 1, 1, 1.3, 0.05, 0, 0, 4, 1, 4, 1,
0, 0)

G0 X200 Z150

M05

M30
```

端面加工子程序（z1. spf）如下。

```
G0 Z0

G1 X10

G0 Z5
```

内孔加工子程序（z2. spf）如下。

```
G0 X38 Z5

G1 Z0

X36 CHR=1

X30.8 Z-26

X27 CHR=0.5

Z-35

X22.7 CHR=0.5

Z-51

X20
```

锥轴左侧外圆加工主程序（ZKX2. mpf）如下。

```
G95 G90

M3 S1 000

T1 D1

G0 X65 Z5

G0 Z0

G1 X0 F0.2

G0 Z5

X48

CYCLE95 ("Z3", 1, 0, 0.15, 0, 0.25, 0.25, 0, 9, 0, 0, 0)
```

外圆毛坯切削程序如下。

```
G0 X200 Z150

M05

M30
```

锥轴左侧子程序（z3. spf）如下。

```
G0 X28 Z5

G1 Z0
```

X30 CHR=1

Z-20

X43 CHR=0.5

Z-30

X47

锥轴右侧外圆加工主程序（ZKX3.mpf）如下。

G95 G90

M3 S1 000

T1 D1

G0 X65 Z5

G0 Z0

G1 X0 F0.2

G0 Z5

X48

CYCLE95（"Z4"，1，0，0.15，0，0.25，0.25，0，9，0，0，0）

外圆毛坯切削程序如下。

G0 X200 Z150

M05

M30

锥轴右侧子程序（z4.spf）如下。

G0 X20 Z5

G1 Z0

X24 CHR=1

Z-15

X27 CHR-1

Z-25

X31 CHR=0.5

X36 Z-50

X42

X44 Z-51

X47

配车主程序（ZKX4.mpf）如下。

G95 G90

M4 S1 000

T1 D1

G0 X65 Z5

G0 Z0

G1 X0 F0.2

G0 Z5

X43

Z-51

G0 X100 Z200

M30

练习与提高

1. 试用 i5 系统编制图 3.1.2 组合件的数控加工程序。

2. 试用 i5 系统编制图 3.1.17 组合件的数控加工程序。

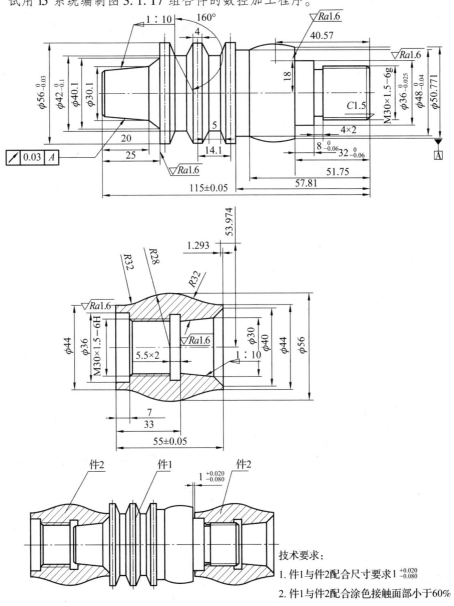

图 3.1.17　组合件

技术要求：

1. 件1与件2配合尺寸要求 $1_{-0.080}^{+0.020}$

2. 件1与件2配合涂色接触面部小于60%

模块四

智能加工中心平面型腔零件的铣削加工

 **项目一**

平面外轮廓零件的加工

◆掌握机械零件平面及外轮廓铣削加工的基本工艺知识。

◆认识立铣刀、面铣刀的结构形式和分类。

◆认识刀具角度,并分析其特点和适用范围。

■■/\ 项目列表 ----

学习任务	知识点	能力要求
任务一 平面外轮廓零件工艺分析和刀具选择	填写加工工艺卡片与刀具选择	学会选择正确的数控加工刀具,能够拟定合理的工艺路线
任务二 平面外轮廓零件加工编程	程序编制	掌握编程方法与技巧,能够编出正确合理的加工程序

■■/\ 任务导入 ----

零件图纸如图 4.1.1 所示,材料为 45 钢,毛坯为 100 mm×80 mm×22 mm,已完成六面体的加工,试分析零件的加工工艺,并填写加工工艺卡片,编写加工程序。

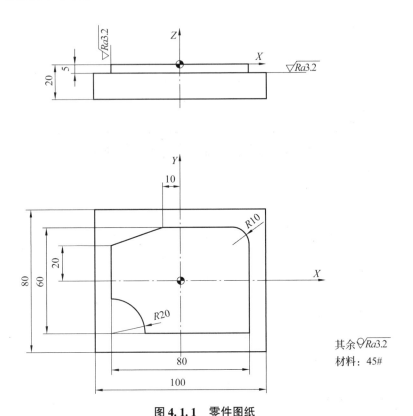

图 4.1.1　零件图纸

其余 $\sqrt{Ra3.2}$
材料：45#

任务一　平面外轮廓零件工艺分析和刀具选择

知识平台

1. 逆铣和顺铣

1）周边铣削时的逆铣和顺铣

（1）逆铣。当铣刀切削刃作用在工件上的力为 F 时，其在进给方向上的铣削分力 F_f 与工件的进给方向相反时的铣削方式称为逆铣，如图 4.1.2 所示。在卧式铣床上逆铣时，切削厚度由零逐渐增加到最大，切入瞬时切削刃钝圆半径大于瞬时切削厚度，刀齿在工件表面上要挤压和滑行一段距离后才能切入工件，使已加工表面产生冷硬层，加剧了刀齿的磨损，同时使加工表面粗糙不平。逆铣时刀齿作用于工件的垂直进给力 F_v 朝上，有抬起工件的趋势，这就要求工件装夹牢靠。但是逆铣也有其优势，逆铣时刀齿是从切削层内部开始工作的，当工件表面有硬皮时，对刀齿没有直接影响。逆铣加工开始时，其切入工件厚度较浅，是"浅入深出"。

（2）顺铣。当铣刀切削刃作用在工件上的力 F，它在进给方向上的铣削分力 F_f 与工件的进给方向相同时的铣削方式称为顺铣，如图 4.1.3 所示。在卧式铣床上进行顺铣时，切削厚度由最大开始，避免了挤压、滑行现象，并且垂直进给力 F_v 朝下压向工作台，有利于工件的压紧，可提高铣刀耐用度和表面加工质量。与逆铣相反，顺铣加工要求工件表面没有硬皮，否则刀齿很容易磨损。顺铣加工开始时，其切入工件厚度较深，是"深入浅出"。

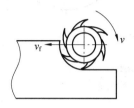

图 4.1.2 逆铣

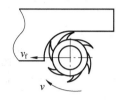

图 4.1.3 顺铣

铣床工作台的纵向进给运动一般由丝杠和螺母来实现。使用顺铣加工时，对普通铣床要求其进给机构具有消除丝杠间隙的装置。数控铣床和加工中心采用无间隙的滚珠丝杠，所以数控铣床和加工中心均可采用顺铣加工。

2）端面铣削时的对称铣削和非对称铣削

端面铣削时，根据铣刀与工件之间的相对位置，可将其加工方式分为对称铣削和非对称铣削两种。

（1）对称铣削。工件处在铣刀中间的铣削称为对称铣削，如图 4.1.4 所示。对称铣削时，刀齿在工件的前半部分为逆铣，在进给方向的铣削分力 F_f（F_{1f}、F_{2f}……的矢量和）与工件进给方向相反；刀齿在工件的后半部分为顺铣，F_f 与工件进给方向相同。对称铣削时，在铣削宽度较窄和铣刀齿数少的情况下，由于 F 在进给方向上的交替变化，工件和工作台容易产生窜动。另外，横向的水平分力 F_c（F_{1c}、F_{2c}……的矢量和）较大，对窄长的工件易造成变形和弯曲。所以对称铣削只有在工件宽度接近铣刀直径时才采用。

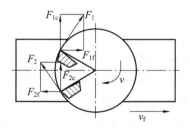

图 4.1.4 对称铣削

（2）非对称铣削。非对称铣削时，工件的铣削层宽度偏在铣刀一边，即铣刀中心与铣削层宽度的对称线处在"偏心"状态。非对称铣削时也有逆铣和顺铣之分，如图 4.1.5 所示。

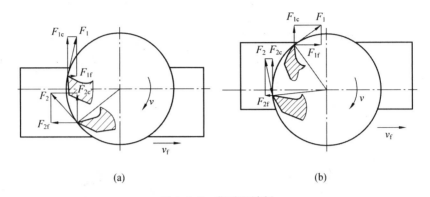

图 4.1.5　非对称铣削

（a）非对称逆铣；（b）非对称顺铣

非对称逆铣时，逆铣部分占很大比例，在各个刀齿上的 F_f 之和（F_{1f}、F_{2f}……的矢量和）与进给方向相反，如图 4.1.5（a）所示，故不会拉动工作台。端面铣削时，切削刃切入工件虽由薄到厚，但不等于从零开始，因而没有像周边铣削时那样的缺点。从薄处切入，刀齿的冲击力反而较小，故振动较小。另外，工件所受的垂直铣削力 F_v 又与铣削方式无关。因此在端面铣削时，应采取非对称逆铣。

非对称顺铣时，顺铣部分占很大比例，在各个刀齿上的 F_f 之和（F_{1f}、F_{2f}……的矢量和）与进给方向相同，如图 4.1.5（b）所示，故易拉动工作台。另外，垂直力 F_v 又不因顺铣而一定向下。所以在端面铣削时，一般都不采用非对称顺铣。但在铣削塑性和韧性好、加工硬化严重的材料（如不锈钢和耐热钢等）时，常采用不对称顺铣，以减少切制黏附和提高刀具寿命。

2. 平面轮廓铣削

1）平面轮廓加工方法选择

平面轮廓多由直线、圆弧或者各种曲线组成，通常采用三坐标数控铣床进行两轴半坐标加工。

2）铣削内外轮廓的进给路线

外轮廓加工刀具的切入和切出如图 4.1.6 所示，当铣削平面零件外轮廓时，一般采用立铣刀侧刃切削。刀具切入工件时，应避免沿零件外轮廓法向切入，而应沿外轮廓延长线进行切向切入，以避免在切入处产生刀痕而影响表面质量，并且保证零件外轮廓曲线光滑过渡。同理，在切离工件时，也应沿零件轮廓延长线的切向逐渐切离工件。

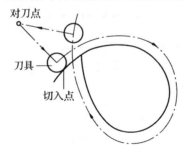

图 4.1.6　外轮廓加工刀具的切入和切出

铣削外整圆加工路线如图4.1.7所示。当整圆加工完毕后，不要在切入点处直接退刀，而应让刀具沿切线方向多运动一段距离，以免取消刀补时，刀具与工件表面相碰，造成工件报废。

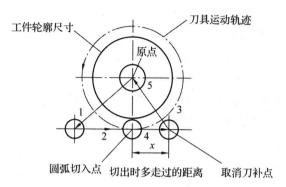

图4.1.7　铣削外整圆加工路线

3. 程序名与结构

1）程序命名

每个程序有一个程序名，在编制程序时须按以下规则定义程序名：

（1）程序名以字母开头，只能由字母、数字或下划线组成；

（2）程序名不能使用分隔符；

（3）程序名应区分大小写；

（4）程序名不能与系统中标准循环重名；

（5）小数点作为文件的扩展名，主程序后缀名可兼容多种格式，如txt、iso等；

（6）子程序后缀名必须为iso；

（7）程序名不能超过32个字符，如 SH_ 27. iso。

2）程序结构

为运行机床而送到 CNC 系统的一组指令称为程序。按照编制的指令，刀具沿直线或圆弧移动，主轴电动机按照指令旋转或停止。

在程序中，以刀具实际移动的顺序来编制指令。一个单步的指令称为程序段，程序是由一系列加工的单个程序段组成的，如图4.1.8所示。

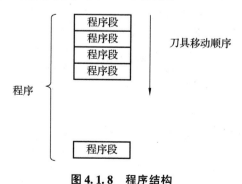

图4.1.8　程序结构

程序段结构如下。

/N_ □G_ □X_ □Y_ □F_ □S_ □T_ □D_ □M_ ;

; 注释

程序段中名字符的含义如下：

（1）"/"表示在运行过程中可以跳过的程序段；

（2）"N_"表示程序段号，段号由最多五位数字组成；

（3）"□"表示中间空格；

（4）"注释"表示对程序段进行说明，必须独立占用一行。

程序段号执行的先后顺序按以下规则进行：

（1）程序段号 N；

（2）换刀指令 T 和 D；

（3）速度指令 F 和 S；

（4）G 指令；

（5）段前执行的 M 指令；

（6）坐标指令 X 和 Y；

（7）段后执行的 M。

程序段的说明如下。

（1）在一个程序段中可以编程多个 G 指令和 M 指令，不过其他的指令只能有一个。

（2）G 指令需被分成不同的组，不能在同一个程序段中使用两个或两个以上同组的 G 指令。

（3）程序段号 N 一般以 5 或 10 为间隔进行编辑，以便以后插入新程序段时不会改变程序段号的顺序。虽然不编写程序段号也不会影响程序的执行，但是仍然建议在涉及坐标运动和辅助功能等指令的程序段前添加一个程序段号，以增加可读性。

（4）程序段号 N 与紧随的指令之间必须空一格。

4. 简化编程（固定循环）

1）平面铣削 CYCLE71

CYCLE71 编程格式如下。CYCLE71 各部分指令含义如图 4.1.9 所示。

CYCLE71（RTP, RFP, SFD, DEP, SPA, SPO, LENG, WID, STA, MIDP, MIWD, FALD, FFS, TYP）

（1）CYCLE71 的功能。使用 CYCLE71 可以铣削任意一个矩形平面。该循环不带刀具半径补偿，循环自动以刀具中心进行轨迹规划。

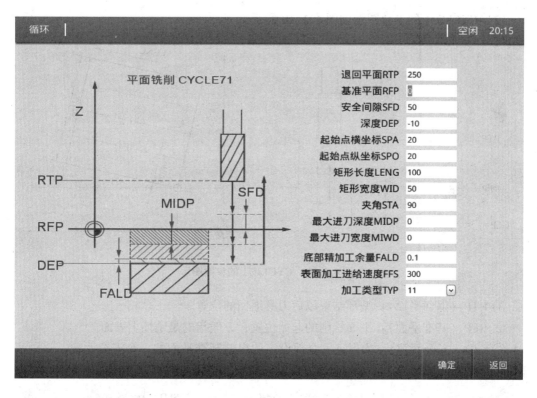

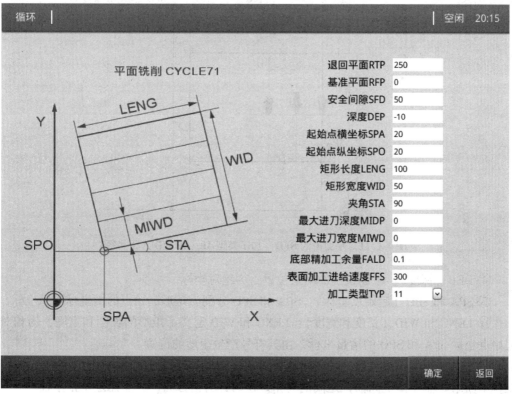

图 4.1.9 CYCLE71 各部分指令含义

（2）CYCLE71 的参数图示如图 4.1.10 所示。

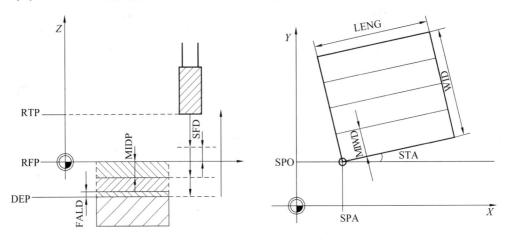

图 4.1.10　CYCLE71 的参数图示

① RTP（退回平面）：循环结束以后刀具退回的位置。

② RFP（基准平面）：平面铣削的起始位置，一般指的是毛坯上表面。

③ SFD（安全间隙）：为保证安全而设定的提前基准平面的一个安全距离。该距离同样适用于平面内长度和宽度方向上的安全溢出行程，平面内的 SFD 如图 4.1.11 所示。

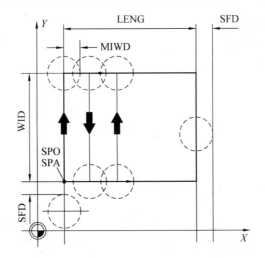

图 4.1.11　平面内的 SFD（加工类型 41，MIWD 大于半径）

④ DEP（深度）：平面铣削的结束位置，为绝对坐标。

⑤ SPA 和 SPO（起始点坐标）：SPA 和 SPO 分别为矩形起始点的横坐标和纵坐标。

⑥ LENG 和 WID（长度和宽度）：LENG 和 WID 定义了矩形的长度和宽度，为相对于起始点坐标 SPA 和 SPO 的增量坐标，由其符号产生矩形的位置。

⑦ STA（矩形长边与第一轴之间的夹角）：STA 定义了矩形长边（长边对应的轴）与工作平面第一轴（横坐标轴）之间的夹角。逆时针为正方向，0°位置为 X 正半轴。

⑧ MIDP（最大切削深度）：循环根据最大切削深度计算出粗加工的进刀数量和进给

深度。如果 MIDP＝0，则循环默认为一刀加工完成。

⑨ MIWD（最大进刀宽度）：循环根据最大进刀宽度计算出横向的进刀数量和进给宽度。如果 MIWD＝0，则循环默认 MIWD 的值为 0.8 倍的刀具直径。

⑩ TYP（加工类型）。如图 4.1.12 所示，加工类型中各数字的含义如下。

个位：1 表示粗加工；2 表示精加工。

十位：1 表示平行于横坐标，一个方向加工；2 表示平行于纵坐标，一个方向加工；3 表示平行于横坐标，交替方向加工；4 表示平行于纵坐标，交替方向加工。

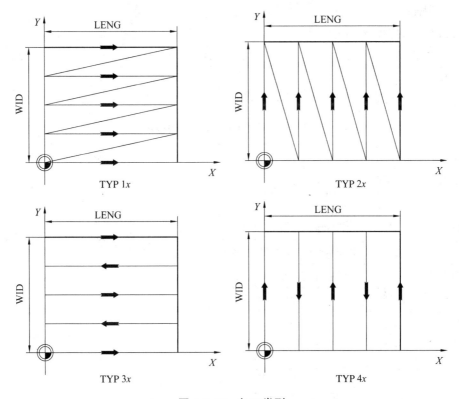

图 4.1.12　加工类型

（3）编程举例。本例中，CYCLE71 的编程图示如图 4.1.13 所示，其中待加工零件与横坐标夹角为 5°，深度为 10 mm。此处要求最大切削深度 6 mm，最大进刀宽度 10 mm，加工类型为 31，即平行于横坐标进行交替方向的粗加工。

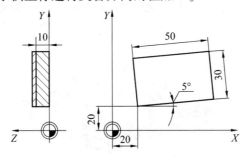

图 4.1.13　CYCLE71 的编程图示

CYCLE72 的编程示例如下。

N10 T8 M6

N20 M3 S1500

N30 G17 G0 G90 G94 X0 Y0 Z20

N40 CYCLE71 (10, 0, 2, -10, 20, 20, 50, 30, 5, 6, 10, 0, 2000, 31)

N50 G0 G90 X0 Y0

N60 M30

2）轮廓铣削 CYCLE72

CYCLE72 的编程格式如下。

CYCLE72（KNAME, RTP, RFP, SFD, DEP, MIDP, FAL, FALD, FFC, FFD, TYP, TRC)

（1）CYCLE72 的编程参数如表 4.1.1 所示。

表 4.1.1　CYCLE72 的编程参数

参数	类型	含义
KNAME	字符串	轮廓子程序名
RTP	实数	退回平面（绝对坐标）
RFP	实数	基准平面（绝对坐标）
SFD	实数	安全间隙（无符号输入）
DEP	实数	深度（绝对坐标）
MIDP	实数	最大切削深度（无符号输入）
FAL	实数	轮廓边缘精加工余量（无符号输入）
FALD	实数	底部精加工余量（无符号输入）
FFC	实数	轮廓加工进给速度
FFD	实数	深度加工进给速度
TYP	整数	加工类型（无符号输入）：1 表示粗加工；2 表示精加工
TRC	整数	刀补选项：40 表示取消刀补；41 表示左刀补；42 表示右刀补

（2）CYCLE72 的功能。使用 CYCLE72 可以沿一条任意的、在子程序中定义的轮廓进行铣削，如图 4.1.14 所示。该轮廓不必强制封闭，但必须按照其铣削的方向进行编程，并且位于一个平面中。刀具半径补偿方向由用户自己在主程序中指定，用完后系统自动取消。

图 4.1.14　轮廓铣削

（3）CYCLE72 的参数图示如图 4.1.15 所示。

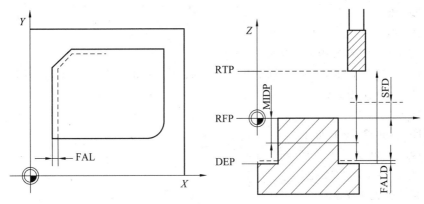

图 4.1.15　CYCLE72 的参数图示

① KNAME（轮廓子程序名）：轮廓子程序编程时子程序必须包含起刀和退刀路径。第一个程序段定义的是切入点，一般是一个带 G0、G90 的快速移动程序段；第二个程序段才是轮廓的起点；第三个程序段为退刀路径，一般是一个带 G0、G90 的快速移动程序段。

② RTP（退回平面）：循环结束以后刀具退回的位置。

③ RFP（基准平面）：轮廓铣削的起始平面，一般指的是毛坯上表面。

④ SFD（安全间隙）：为保证安全而设定的提前基准平面的一个安全距离。

⑤ DEP（深度）：轮廓铣削的结束平面，为绝对坐标。

⑥ MIDP（最大切削深度）：循环根据最大切削深度计算出粗加工的进刀数量和进给深度。如果 MIDP＝0，则循环默认为粗加工一刀完成。

（4）编程举例。对下面的轮廓进行外部铣削加工，CYCLE72 的编程图示如图 4.1.16 所示。相关参数为：RTP＝10，RFP＝0，SFD＝5，DEP＝－4，MIDP＝1，FAL＝0.25，FALD＝0.1，FFS＝800，FFD＝400，TYP＝1。

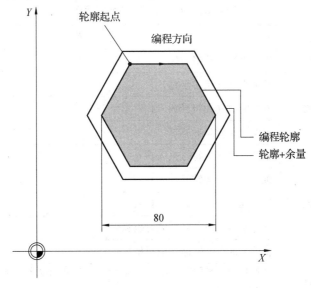

图 4.1.16　CYCLE72 的编程图示

主程序如下。

N10 T8 M6

N20 M3 S1000

N30 G17 G0 G90 X-90 Y18 Z50 G94

N40 CYCLE72 ("sub72", 10, 0, 5, -4, 1, 0.25, 0.1, 800, 400, 1, 41)

N50 G0 G90 X-90 Y18

N60 M30

子程序（sub72.iso）如下。

N10 G90 G01 X-78.696 Y10.129

N20 G01 X-30 Y17.321

N30 X-20 Y34.641

N40 X20

N50 X40 Y0

N60 X20 Y-34.641

N70 X-20

N80 X-40 Y0

N90 X-30 Y17.321

N100 X-28.5 Y19.919

N110 X-46.362 Y64.725

N120 RET

3) 矩形轴颈（凸台）铣削 CYCLE76

CYCLE76 的编程格式如下。

CYCLE76 (RTP, RFP, SFD, DEP, LENG, WID, CRAD, SPA, SPO, STA, MIDP, FAL, FALD, FFC, FFD, MDIR, TYP, LBS, WBS)

(1) CYCLE76 的编程参数如表 4.1.2 所示。

表 4.1.2 CYCLE76 的编程参数

参数	类型	含义
RTP	实数	退回平面（绝对坐标）
RFP	实数	基准平面（绝对坐标）
SFD	实数	安全间隙（无符号输入）
DEP	实数	深度（绝对坐标）
LENG	实数	轴颈长度（无符号输入）
WID	实数	轴颈宽度（无符号输入）
CRAD	实数	轴颈拐角半径（无符号输入）
SPA	实数	轴颈基准点横坐标（绝对坐标）
SPO	实数	轴颈基准点纵坐标（绝对坐标）
STA	实数	轴颈长边与平面第一轴（横坐标）的夹角（无符号输入），其范围值为 0 ≤STA≤180

续表

参数	类型	含义
MIDP	实数	最大切削深度（无符号输入）
FAL	实数	轮廓边缘精加工余量（无符号输入）
FALD	实数	底部精加工余量（无符号输入）
FFC	实数	轮廓加工进给速度
FFD	实数	深度加工进给速度
MDIR	整数	铣削方向（无符号输入）：0 表示同向铣削；1 表示逆向铣削；2 表示顺时针铣削（G2）；3 表示逆时针铣削（G3）
TYP	整数	加工类型（无符号输入）：1 表示粗加工；2 表示精加工
LBS	实数	毛坯长度（无符号输入）
WBS	实数	毛坯宽度（无符号输入）

（2）CYCLE76 的功能。使用 CYCLE76 可以在平面中加工矩形轴颈，如图 4.1.17 所示。CYCLE76 是轮廓铣削的一种特例，其通过内部调用轮廓铣削 CYCLE72 对矩形轮廓进行加工。

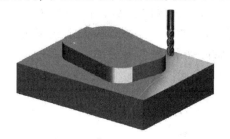

图 4.1.17　铣削矩形轴颈

（3）CYCLE76 的参数说明。CYCLE76 的参数图示如图 4.1.18 所示，其中参数 RTP、RFP、SFD、DEP、MIDP 可以参考 CYCLE72 中的说明，其余参数说明如下。

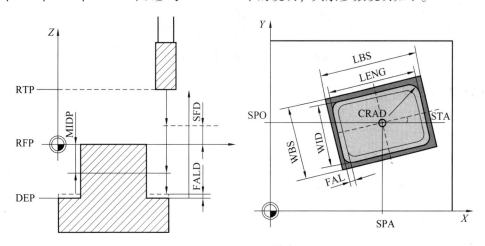

图 4.1.18　CYCLE76 的参数图示

① SPA 和 SPO（基准点）：使用参数 SPA 和 SPO 定义轴颈中心点的横坐标和纵坐标。

② STA（轴颈长边与第一轴之间的夹角）：STA 定义了轴颈长边（长边对应的轴）与工作平面第一轴（横坐标轴）之间的夹角。逆时针为正方向，0°位置为 X 正半轴。

③ LENG，WID，CRAD（轴颈长度，轴颈宽度，拐角半径）：使用参数 LENG、WID 和 CRAD 可以确定轴颈的形状。

④ MDIR（铣削方向）：通过参数 MDIR 定义加工轴颈时的铣削方向，参数 MDIR 如表 4.1.3 所示。铣削方向可以直接定义为顺时针方向（G2）或逆时针方向（G3），也可以定义为同向铣削或逆向铣削，CYCLE76 自动结合主轴旋转方向确定铣削方向（顺时针或逆时针）。

表 4.1.3　参数 MDIR

同向铣削	逆向铣削
M03→G02	M03→G03
M04→G03	M04→G02

⑤ LBS 和 WBS（轴颈毛坯长度和宽度）：加工轴颈时，可以通过参数 LBS 和 WBS 定义毛坯的长度和宽度。LBS 和 WBS 为无符号输入，CYCLE76 自动将毛坯对称地放置在轴颈中心点两侧。

（4）编程举例。本例中，矩形轴颈位于 X/Y 平面中，CYCLE76 的编程图示如图 4.1.19 所示。该零件中心点坐标为（45，50），长度 60 mm，宽度 40 mm，拐角半径 10 mm，与 X 轴夹角 5°，毛坯长度 70 mm，宽度 50 mm。现要求加工深度 10 mm，最大切削深度 6 mm，边缘和底部精加工余量均为 0。采用同向铣削，加工类型为粗加工。

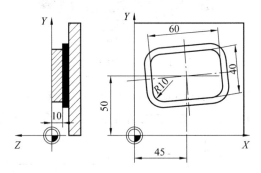

图 4.1.19　CYCLE76 的编程图示

CYCLE76 的程序示例如下。

```
N10 T8 M6
N20 M3 S1000
N30 G17 G0 G90 X100 Y100 Z10 G94
N40 CYCLE76 (10, 0, 2, -10, 60, 40, 10, 45, 50, 5, 6, 0, 0, 700,
700, 0, 1, 70, 50)
N50 G0 G90 X100 Y100
N60 M30
```

4) 圆形轴颈（凸台）铣削 CYCLE77

CYCLE77 的编程格式如下。

```
CYCLE77 (RTP, RFP, SFD, DEP, SDIA, SPA, SPO, MIDP, FAL, FALD,
FFC, FFD, MDIR, TYP, DBS)
```

（1）CYCLE77 的编程参数如表 4.1.4 所示。

表 4.1.4　CYCLE77 的编程参数

参数	类型	含义
RTP	实数	退回平面（绝对坐标）
RFP	实数	基准平面（绝对坐标）
SFD	实数	安全间隙（无符号输入）
DEP	实数	深度（绝对坐标）
SDIA	实数	轴颈直径（无符号输入）
SPA	实数	轴颈圆心横坐标（绝对坐标）
SPO	实数	轴颈圆心纵坐标（绝对坐标）
MIDP	实数	最大切削深度（无符号输入）
FAL	实数	轮廓边缘精加工余量（无符号输入）
FAID	实数	底部精加工余量（无符号输入）
FFC	实数	轮廓加工进给速度
FFD	实数	深度加工进给速度
MDIR	整数	铣削方向（无符号输入）：0 表示同向铣削；1 表示逆向铣削；2 表示顺时针铣削（G02）；3 表示逆时针铣削（G03）
TYP	整数	加工类型（无符号输入）：1 表示粗加工；2 表示精加工
DBS	实数	毛坯直径（无符号输入）

（2）CYCLE77 的功能。使用 CYCLE77 可以在平面中加工圆形轴颈，如图 4.1.20 所示。CYCLE77 也是轮廓铣削的一种特例，其通过内部调用轮廓铣削循环 CYCLE72 对圆形轮廓进行加工。

图 4.1.20　铣削圆形轴颈

（3）CYCLE77 的参数说明。CYCLE77 的参数图示如图 4.1.21 所示。其中参数 RTP、RFP、SFD、DEP、MIDP 可以参考 CYCLE72 中的说明；参数 MDIR 可以参考 CYCLE76 中的说明。CYCLE76 的其余参数说明如下。

① SPA 和 SPO（基准点）：使用参数 SPA 和 SPO 定义轴颈中心点的横坐标和纵坐标。

② SDIA（轴颈直径）：轴颈直径为无符号输入。

③ DBS（轴颈毛坯直径）：使用参数 DBS 定义轴颈毛坯的直径。

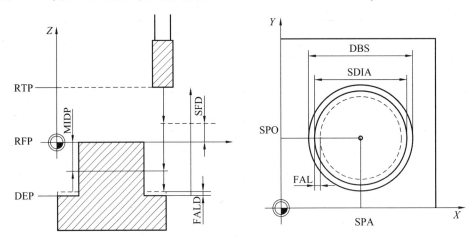

图 4.1.21　CYCLE77 的参数图示

（4）编程举例。本例中，圆形轴颈毛坯直径 50 mm，轴颈直径 45 mm。其位于 X/Y 平面中，圆心坐标为（40，50），深度 10 mm，CYCLE77 的编程图示如图 4.1.22 所示。现要求最大切削深度 6 mm，边缘精加工余量 0.2 mm，底部精加工余量 0。采用逆向铣削，加工类型为粗加工。

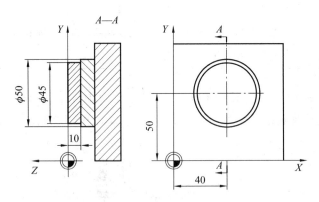

图 4.1.22　CYCLE77 的编程图示

CYCLE77 的程序示例如下。

```
N10 T8 M6
N20 M3 S1800
N30 G17 G0 G90 X100 Y100 Z10 G94
N40 CYCLE77 (10, 0, 3, -10, 45, 40, 50, 6, 0.2, 0, 700, 700, 1, 1,
```

50）

N50 G0 G90 X100 Y100

N60 M30

5. 零件平面和轮廓铣削刀具选择

面铣刀和立铣刀如图 4.1.23 所示，其为加工零件轮廓和平面时常用的刀具。

图 4.1.23　面铣刀和立铣刀

1）面铣刀

面铣刀的圆周表面和端面上都有切削刃，端面切削刃为副切削刃。面铣刀多制成套式镶齿结构，刀齿材料为高速钢或硬质合金，刀体材料为 40Cr。高速钢面铣刀按国家标准规定，直径 $d = 80 \sim 250$ mm，螺旋角 $\beta = 10°$，刀齿数 $z = 10 \sim 20$。

硬质合金面铣刀与高速钢面铣刀相比，铣削速度较高，加工效率高，加工表面质量也好，并可加工带有硬皮和淬硬层的工件，故得到广泛应用。硬质合金面铣刀按刀片和刀齿的安装方式不同，可分为整体焊接式、机夹焊接式和可转位式三种，如图 4.1.24 所示。

（a）　　　　　　　　　　（b）　　　　　　　　　　（c）

图 4.1.24　硬质合金面铣刀

（a）整体焊接式面铣刀；（b）机夹焊接式面铣刀；（c）可转位式面铣刀

整体焊接式、机夹焊接式面铣刀难于保证焊接质量，刀具寿命低，重磨比较费时，目前已逐渐被可转位式面铣刀所取代。

可转位式面铣刀是将可转位式刀片通过夹紧元件夹固在刀体上，当刀片的一个切削刃用钝后，直接在机床上将刀片转位或更换新刀片，这种面铣刀在提高产品质量和加工效率、降低成本、方便操作使用等方面都有明显的优越性，已得到广泛应用。

可转位式面铣刀要求刀片定位精度高，夹紧可靠，排屑容易，可快速更换刀片，同时各定位件、夹紧元件通用性要好，制造要方便，并且应经久耐用。

2）立铣刀

立铣刀是在数控铣床上用得最多的一种铣刀，立铣刀结构如图 4.1.25 所示。立铣刀的圆柱表面和端面上都有切削刃，它们可同时进行切削，也可单独进行切削。

(a)   (b)

图 4.1.25　立铣刀结构

(a) 硬质合金立铣刀；(b) 高速钢立铣刀

立铣刀圆柱表面的切削刃为主切削刃，端面上的切削刃为副切削刃。主切削刃一般为螺旋齿，这样可以增加切削平稳性，提高加工精度。由于普通立铣刀端面中心处无切削刃，所以立铣刀不能作轴向进给，端面刃主要用来加工与侧面相垂直的底平面。为了能加工较深的沟槽，并保证有足够的备磨量，立铣刀的轴向长度一般较长。

任务二　平面外轮廓零件加工编程

▰▰▰ 知识平台

1. 相关功能指令

1）辅助功能

辅助功能也叫 M 指令或 M 代码。使用 M 功能可以在机床上控制一些开/关操作，比如切削液开/关和其他的机床功能。

M 指令的格式如下。

M_ ；

M 指令中的数值取整数，取值范围为 0 ~ 2 147 483 647。

具体说明如下。

（1）所有空的 M 指令编号可以由机床制造商预设，例如用于控制夹紧装置的功能。

（2）同一程序段中最多可以编程 5 个 M 指令。

（3）M00：在包含 M00 的程序段执行之后，自动运行停止。当程序停止时，所有存在的模态信息保持不变。用循环启动键可使 M00 自动运行重新开始。

（4）M01：与 M00 类似，在包含 M01 的程序段执行之后，自动运行停止。只是当机床面板上的 M01 开关置为"1"时，此功能才有效。

（5）M02 和 M03：表示主程序结束，自动运行停止。控制返回到程序开头。

（6）M06 只能与 T 指令和 D 指令同行。

（7）当运动指令和 M 指令在同一个程序段中出现时，M 指令按下述方式执行。

① M 指令在运动指令之前执行，M03 和 M04 总是在运动指令之前执行。

② M 指令在运动指令之后执行，M05 总是在运动指令之后执行。

2）主轴定位（SPOS 或 M19）

使用 SPOS 或 M19 指令可以将主轴定位在特定的角度，例如换刀位置。

指令格式如下。

SPOS=_ ；将主轴定位到设定的角度，只有当到达位置时才会执行下一个 NC 程序段。

M19 SP=_ ；使主轴定位，只有到达位置时才会执行下一个 NC 程序段。

具体说明如下。

（1）编程 SPOS 或 M19 指令时主轴切换到位置控制运行状态。

（2）使用 SPOS 指令时，只有达到设定的位置时，才会切换到下一个 NC 程序段。

（3）主轴位置以度来表示，可以用 G90 或 G91 指令，也可以使用下列指令：

① DC（最短路径趋近定位位置）；

② ACN（绝对尺寸说明，负向趋近）；

③ ACP（绝对尺寸说明，正向趋近）。

SPOS 或 M19 指令可使主轴暂时切换至位置控制方式，可以使用 M03、M04、M05 使主轴切换到旋转模式。使用 M19 指令时若没有编程主轴定位角度，定位位置由系统内部参数决定。

程序示例如下。

N10 M03 S500

……

N100 SPOS=0　　　　　　　　　　　　位置控制有效，主轴定位在 0°

3）刀具选择功能

通过指定紧跟在地址 T 之后的数值来选择刀具，可以在一个程序段中指定一个 T 指令。T 指令与移动指令同行时，总是先执行 T 指令，再执行移动指令。

T 指令格式如下。

Txxx；选择 xxx 号刀具。

注：如果已经激活了一个刀具，则它一直保持有效，不管程序是否运行结束或者系统开/关机。

4）刀具补偿号（刀补号）D

D 指令格式如下。

Dx；刀补号 Dx

x 的取值范围为 0 ~ 9，其中 D0 为取消刀具补偿。

具体说明如下。

（1）对于一个确定的刀具，可以用不同的刀具补偿程序段，相应地分配 1 到 9 个刀沿。由此可以对一个刀具定义不同的刀沿，这样就可以在程序段中根据需要进行调用。

（2）一个刀沿的补偿可以调用 D 激活。如果编程 D0，则刀具的补偿无效。如果没有编程 D，则 D1 生效。

5）平面指令（G17、G18、G19）

在进行平面的刀具半径补偿，进刀方向的刀具长度补偿和平面圆弧插补时，需要先确定工作平面，如图 4.1.26 所示。

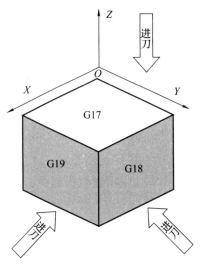

图 4.1.26 工作平面

平面指令格式如下。

G17；X/Y 工作平面，进刀方向 Z

G18；Z/X 工作平面，进刀方向 Y

G19；Y/Z 工作平面，进刀方向 X

具体说明如下。

（1）在系统的初始设置中，铣削默认的工作平面是 G17，车削默认的工作平面是 G18。

（2）在调用平面的刀具半径补偿 G41、G42 时，必须指定工作平面，这样控制系统才知道在哪个平面内进行刀具半径补偿。

（3）在进行斜置平面的加工时，由于使用了坐标系旋转，使坐标轴位于斜置平面上，故工作平面也一起进行了旋转。

6）绝对、增量尺寸指令（G90、G91，AC、IC）

绝对尺寸（G90）中，位置数据总是取决于当前有效坐标系的零点，即应当对刀具运行到的绝对位置进行编程。在增量尺寸（G91）中，位置数据取决于上一个运行到的点，即增量尺寸编程用于说明刀具运行了多少距离。

在增量尺寸（G91）中，可以用关键字 AC 代表单个轴设置段内有效的绝对尺寸；同样也可以在绝对尺寸（G90）中，用关键字 IC 代表单个轴设置段内有效的增量尺寸。

绝对、增量尺寸指令格式如下。

G90；激活绝对尺寸，模态有效

G91；激活增量尺寸，模态有效

"轴" =AC（＿）；AC 非模态指令，括号内为指定的位置值

"轴" =IC（＿）；IC 非模态指令，括号内为指定的位置值

具体说明如下。

（1）G90 和 G91 均为模态有效，系统的初始设定为绝对尺寸（G90）有效。

（2）AC、IC 既可以用于线性轴编程也可以用于旋转轴编程，还可用于插补参数 I、J、K 编程。

（3）用于旋转轴编程时，AC 的取值范围为 [0，360]；IC 的取值范围为 0～±99 999.999。用于线性轴编程时，AC、IC 的取值范围与 X、Y、Z 轴相同。

（4）用于旋转轴编程时，AC 的运行方向取决于旋转轴的实际位置。如果目标位置大于实际位置，轴在正的旋转方向下趋近，否则，轴在负的旋转方向下趋近。

（5）IC 中值的符号定义了旋转轴的旋转方向。正号为正方向增量进给；负号为负方向增量进给。IC 的取值可以大于 360，例如：C＝IC（720）。

G90、G91 编程图示如图 4.1.27 所示，程序示例如下。

N10 G90 G00 X45 Y60 Z2

N20 G01 Z-5 F500

N30 G02 X20 Y35 I=AC（45）J=AC（35）　　　　用绝对尺寸编写圆心坐标

N40 G00 Z2

N50 M30

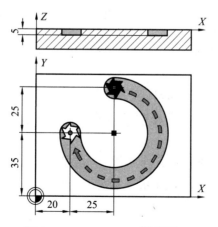

图 4.1.27　G90、G91 编程图示

2. 刀具半径补偿（刀补）

在对工件的加工进行编程时，无须考虑刀具长度或切削半径（如图 4.1.28、4.1.29 所示），可以直接根据图纸对工件尺寸进行编程。将刀具参数单独输入到刀具偏置表，在程序中只需要调用所需的刀具号及其补偿参数，数控系统就会利用这些参数执行所要求的轨迹补偿，从而加工出所要求的工件。

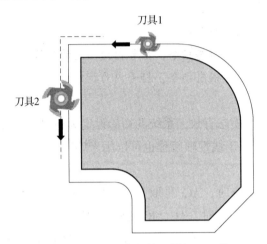

图 4.1.28　不同半径的刀具加工工件

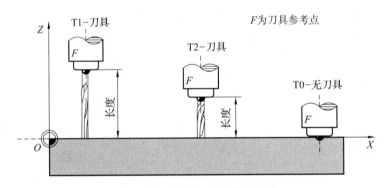

图 4.1.29　不同刀具的长度补偿

刀具偏置表中包含以下内容。

1）刀具尺寸

刀具尺寸分为刀具几何尺寸和刀具磨损尺寸。数控系统会处理这些分量，通过计算得到最后尺寸（如总的长度、总的半径）。在激活补偿存储器时这些最终尺寸有效。

2）刀具类型

由刀具类型可以确定需要哪些几何参数以及怎样进行计算。在激活刀具长度或半径补偿之前，需要通过 G17、G18 或 G19 指令来选择工作平面。

3）刀具半径补偿

刀具半径补偿如图 4.1.30 所示，刀具半径补偿分为以下 3 个步骤。

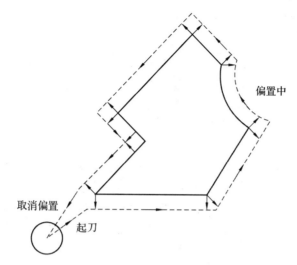

图 4.1.30　刀具半径补偿

（1）刀补建立（起刀）。刀具从起点接近工件，在编程轨迹基础上，刀具中心向左（G41）或向右（G42）偏移一定距离。

（2）刀补进行中（偏置中）。刀具中心轨迹相对于编程轨迹偏置一定距离。

（3）刀补取消。刀具退出，使刀具中心轨迹终点与编程轨迹终点重合。

刀具半径补偿通过 G41、G42 生效，刀具必须有相应的补偿号才能有效。刀具半径补偿会使数控系统自动计算出当前刀具运行所产生的、与编程轮廓等距离的刀具轨迹，刀具半径补偿示意图如图 4.1.31 所示。

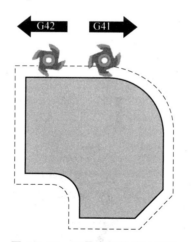

图 4.1.31　刀具半径补偿示意图

刀具半径补偿指令格式如下。

G41 X_ Z_ ；工件轮廓左边刀补有效

G42 X_ Z_ ；工件轮廓右边刀补有效

只有在线性插补时（G00、G01）才可以进行 G41、G42 的选择。

刀具半径补偿图示如图 4.1.32 所示。

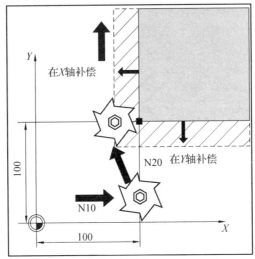

图 4.1.32 刀具半径补偿图示

编程示例如下。

```
N10 G00 X100
N20 G01 G41 Y100 F200；建立刀具半径左补
N30 Y200
```

取消刀具半径补偿 G40：用 G40 取消刀具半径补偿，只有在线性插补（G00、G01）情况下才可以运行取消刀具半径补偿。

取消刀具半径补偿图示如图 4.1.33 所示。

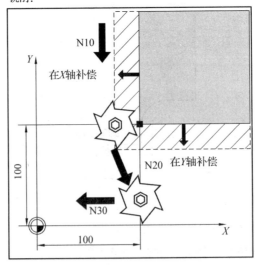

图 4.1.33 取消刀具半径补偿图示

编程示例如下。

N10 G00 X100

N20 G01 G41 Y100 F200；取消刀具半径补偿

N30 Y200

刀具半径补偿干涉检查：刀具过切称为干涉，偏置后的刀具中心轨迹在非相邻段出现了相交现象，即发生了干涉；刀具如果完全按照偏置轨迹运行，必定会发生过切现象。不过数控系统有一定的容错率，对部分干涉情况会自动消除并生成新轨迹继续加工，当干涉无法消除时其会报错并停止加工。

使用刀具半径补偿和刀具长度补偿的注意事项如下。

① 刀补激活时，不能编程以下指令：平面选择 G17、G18、G19 指令；螺纹插补 G33 指令；坐标转换 G53～G59、G500、G501 指令。

② 刀补过程中不能直接切换左右刀补，比如不允许 G41 模式下直接切换到 G42，中间必须有 G40 指令。

③ 刀具长度补偿：一般编程模式为 G43 H1。

④ i5、西门子等系统中刀具调用后，刀具半径、长度补偿立即生效。如果指定了 T 指令并且在刀补中设定了刀尖方向、长度，则不需要再进行刀尖半径补偿 G41、G42 和刀尖长度补偿 G43 设定。

3. 加工工艺分析

零件图纸如图 4.1.1 所示。

1）工艺性分析

该零件主要由平面及外轮廓组成，尺寸标注完整。上表面、轮廓和凸模底面的表面粗糙度为 Ra3.2 μm，要求较高，无垂直度要求。零件材料为 45 钢，切削性能较好。

2）选择加工方案

根据零件形状及加工精度要求，一次装夹完成所有加工内容。以底面为基准，采用先粗后精、先主后次的原则加工。加工方案为粗、精加工上表面；粗、精加工外轮廓。

3）确定装夹方案

零件毛坯外形为规则的长方形，因此加工上表面与轮廓时选用数控铣床加工，以机用平口钳装夹，装夹高度以毛坯高出平口钳 8～9 mm 为宜，为此须在平口钳定位基面上加垫铁。

4）确定加工顺序及走刀轨线

（1）因为机用平口钳为欠定位，在与定位钳口平行的方向上无定位，所以上表面采用与定位钳口相垂直的方向加工。

（2）凸模板顶面加工可采用往复加工方式，以提高加工效率。

（3）外轮廓精加工采用顺铣方式，刀具沿切线方向切入与切出，提高加工精度。粗加工可以编制专门的程序，也可与精加工采用同一个程序，通过刀具长度补偿和刀具半径补偿功能实现留精加工余量的目的。

5）刀具及切削用量的选择

顶面的加工，选择 ϕ100 mm 的可转位式硬质合金面铣刀分别进行粗、精加工；凸模板外轮廓的加工选用大直径刀，以提高加工效率，选用 ϕ16 mm 高速钢立铣刀分别进行粗、精加工。切削用量选择见加工工艺卡片。

6）填写加工工艺卡片

凸模板数控加工工艺卡片如表 4.1.5 所示。

表 4.1.5　凸模板数控加工工艺卡片

数控加工工艺卡片		产品名称或代号	零件名称		材料	零件图号
		×××	凸模板		45	X02
产品号	程序编号	夹具名称	使用设备		车间	
001	ZKX06 和 ZKX07	机用平口钳	i5M4.2		数控加工车间	
工步	工序内容	刀具	刀具规格	主轴转速 n/ $(r \cdot min^{-1})$	进给速度 F/ $(mm \cdot min^{-1})$	吃刀量 a_p、a_e /mm	量具	备注
1	粗铣顶面留余量 0.2 mm	T01	ϕ100 mm 面铣刀	380	200	1.8 100	游标卡尺	
2	精铣顶面控制高度尺寸，表面质量达 Ra3.2 μm	T02	ϕ100 mm 面铣刀	500	150	0.2 100	游标卡尺	
3	粗铣外轮廓留余量 0.5 mm，凸台底部余量 0.2 mm	T02	ϕ16 mm 立铣刀	2 000	180	4.5 12		
4	精铣外轮廓直至达到图纸要求	T02	ϕ16 mm 立铣刀	2 800	250	0.5 0.2		
5	清理、入库							
编制	×××	审核	×××	批准	×××	年 月 日	共 页	第 页

4. 编制加工程序

本项目仅列出凸模板顶面粗、精加工程序，以及轮廓的精加工程序，轮廓的粗加工程序留给读者自行完成。凸模板顶面铣削加工程序卡如表 4.1.6 所示，凸模板轮廓精加工程序卡如表 4.1.7 所示。

表 4.1.6　凸模板顶面铣削加工程序卡

零件号	X02	零件名称	凸模板	编程原点	上表面中心
程序号	ZKX07	数控系统	i5	编程	×××
程序内容			简要说明		
G54 G90 G17 G00 X0 Y0			确定工件坐标系及加工平面		
M03 S380			主轴正转，主轴转速 380 r/min		
G00 X−120 Y0 Z2			定位到加工起点		
G01 Z−1.8 F200			粗铣上表面，去掉 1.8 mm 余量，留 0.2 mm 精加工余量		
X120			主轴转速提高到 500 r/min		
M03 S500			去精加工余量 0.2 mm		
Z−2			精铣上表面		
X−120 F150			主轴抬起		
G00 Z200			主轴抬起		
M05			主轴停		
M30			程序结束		

表 4.1.7　凸模板轮廓精加工程序卡

零件号	X02	零件名称	凸模板	编程原点	上表面的中心
程序号	ZKX08	数控系统	i5	编程	×××
程序内容			简要说明		
G54 G90 G17 G00 X0 Y0					
M03 S2800					
G00 X−60 Y−60 Z2					
G01 Z−5 F250			确定工件坐标系及加工平面		
G41 X−40 Y−40 D01			主轴正转，主轴转速 2 800 r/min		
Y20			定位到加工起点		
X−10 Y30			下刀		
X30			建立刀具半径补偿		
G02 X40 Y20 CR=10			沿着轮廓进行加工		
G01 Y−30			取消刀具半径补偿		
X−20			主轴抬起		
G03 X−60 Y−30 CR=20			主轴停		
G40 G00 Y−60			程序结束		
G00 Z200					
M05					
M30					

练习与提高

1. 零件图如图 4.1.34 所示，毛坯尺寸为 74 mm×74 mm×35 mm，工件材料 45 钢。请分小组讨论完成下列内容。

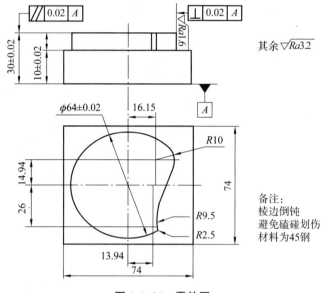

图 4.1.34 零件图

(1) 完成零件加工工艺分析。

(2) 制定工艺方案（定位夹紧、选择刀具、切削参数、工艺路线），填写加工工艺卡片。

(3) 用手工计算或计算机绘图软件计算工件编程所需的坐标。

2. 小组活动内容如下。

(1) 提供若干刀具实物或刀具模型，请分小组讨论，指出刀具角度名称、用途。

(2) 讨论加工 45 钢、灰铸铁、青铜、铝合金零件时如何选择刀具（分为粗加工和精加工两种情况）。

(3) 查资料，收集各种新型铣刀的资料且上台演示，在同学之间互相分享成果。

项目二
典型型腔零件的编程与加工

■■\ 项目目标

◆掌握各种型腔的加工方法。

◆熟悉几种常用型腔加工刀具的性能特点。

◆能够正确选用型腔加工所用刀具。

◆掌握型腔加工工艺。

◆能够根据零件特点编制合理的数控加工程序。

■■\ 项目列表

	学习任务	知识点	能力要求
任务一	平面型腔零件工艺分析和刀具选择	认知各种类型刀具,学习典型型腔零件的工艺编制	学会选择合理刀具及编制较合理的加工工艺卡片
任务二	平面型腔零件加工编程	学习平面型腔零件的编程与加工	掌握编程方法与技巧,能够编出正确合理的加工程序

■■\ 项目导入

零件图如图 4.2.1 所示,此零件为小批量生产,材料为 45 钢,已完成六面体的加工,现要求加工型腔,请选择合理的刀具及切削参数,并编制该零件的数控加工程序。

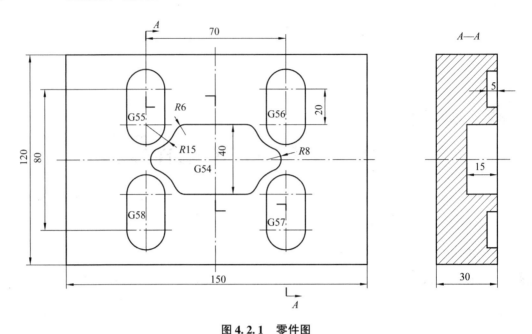

图 4.2.1　零件图

任务一　平面型腔零件工艺分析和刀具选择

知识平台

1. 工艺分析

1）进刀和退刀

与铣削外轮廓时的进刀和退刀方式类似，铣削内轮廓时也要尽量避免法向切入和切出。铣削封闭的内轮廓表面时，若内轮廓曲线允许外延，则应沿切线方向切入和切出；若内轮廓曲线不允许外延，刀具只能沿内轮廓曲线的法向切入和切出，此时刀具的切入和切出点应尽量选择在曲线两几何元素的交点处，如图 4.2.2 所示。

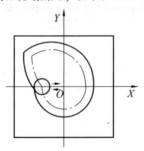

图 4.2.2　刀具切入和切出点选择在两几何元素交点处

当内部几何元素相切点无交点时，为防止刀补取消时在零件轮廓拐角处留下凹口［如图4.2.3（a）所示］，刀具切入和切出点应远离拐角［如图4.2.3（b）所示］。铣削内圆弧时，为遵循切向切入的原则，可以安排从圆弧过渡到圆弧的加工路线，如图4.2.4所示，这样可以提高内孔表面的加工精度和加工质量。

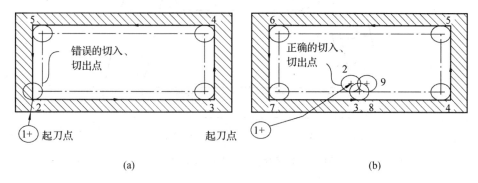

（a）   （b）

图 4.2.3　内轮廓加工刀具的切入和切出

（a）错误；（b）正确

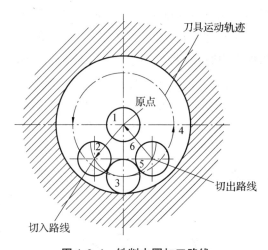

图 4.2.4　铣削内圆加工路线

2）型腔的铣削方法

型腔是指以封闭曲线为边界的平底或曲底凹坑。加工平面型腔时一律用平底铣刀，且刀具边缘部分的圆角半径应符合型腔的图样要求。

型腔的切削分为两步，第一步切内腔，第二步切轮廓。切轮廓通常又分为粗加工和精加工两步，型腔轮廓粗加工如图4.2.5所示，其进给路线是从型腔轮廓线向里偏置铣刀半径 R，并且留出精加工余量 Y。

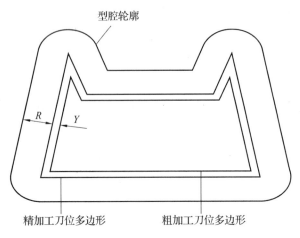

图 4.2.5　型腔轮廓粗加工和精加工

由此得出的粗加工刀位多边形是计算内腔区域加工进给路线的依据。在切内腔时，行切法和环切法在生产中都有应用。两种进给路线的共同点是都要切净内腔区域的全部面积，不留死角，不伤轮廓，同时尽量减少重复进给的搭接量。凹槽加工进给路线如图 4.2.6 所示，其中图 4.2.6 (a)、(b) 分别为用行切法和环切法加工内腔的进给路线，图 4.2.6 (c) 为先用行切法，最后用环切法加工内腔。3 种方案中在加工质量上，图 4.2.6 (a) 的方案最差，图 4.2.6 (c) 的方案最好。环切法的刀位点计算稍复杂，需要一次一次向里收缩轮廓线，特别是当型腔中带有局部区域时更是如此。型腔区域加工进给路线如图 4.2.7 所示，其中图 4.2.7 (a)，因要避让中间的凸台，在采用环切法时各程序段起始点坐标计算比较麻烦。而在行切法中只要增加辅助边界，如用图 4.2.7 (b) 中所示的点画线将一个型腔分割成两个，就可以应用原来的算法处理。行切法进给路线从型腔的一侧开始，采用往复进给，即交替变换进给方向。

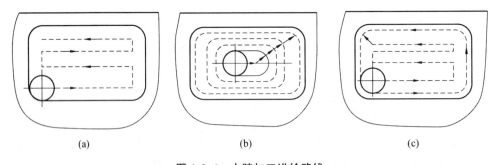

图 4.2.6　内腔加工进给路线

(a) 行切法加工内腔；(b) 环切法加工内腔；(c) 先行切法再环切法加工内腔

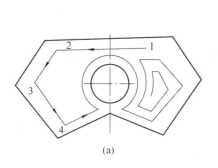

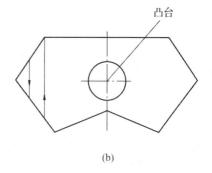

图 4.2.7 型腔区域加工进给路线

（a）环切法进给路线；（b）行切法进给路线

从进给路线的长短比较，行切法要略优于环切法。但在加工小面积型腔时，环切法的程序量要比行切法小。此外，在铣削加工零件轮廓时，要考虑尽量采用顺铣加工方式，这样可以提高零件表面质量和加工精度，减少机床的"颤振"。要选择合理的进刀和退刀位置，尽量避免沿零件轮廓法向切入和进给中途停顿。进刀和退刀位置应选在不易与工件、夹具相撞的位置，并且要留有足够的空间让操作者观察切削状况和清理切屑。

2. 刀具选择

当铣削曲面型腔时一般采用球形刀加工，如采用高速钢立铣刀和硬质合金立铣刀等，高速钢立铣刀如图 4.2.8 所示，硬质合金立铣刀如图 4.2.9 所示。小规格的硬质合金立铣刀多制成整体结构，ϕ16 mm 以上直径的制成焊接或机夹可转位刀片结构。

型腔加工中的下刀方式：对于封闭型腔零件的加工，下刀方式主要有垂直下刀、螺旋下刀和斜线下刀 3 种。

图 4.2.8 高速钢立铣刀

图 4.2.9 硬质合金立铣刀

任务二　平面型腔零件加工编程

知识平台

1. 简化编程（固定循环）

1）矩形型腔铣削 POCKET1

POCKET1 的编程格式如下。

POCKET1 (RTP, RFP, SFD, DEP, LENG, WID, CRAD, CPA, CPO, STA, FFD, FFS, MIDP, MDIR, FAL, TYP, MIDF, FFC, SSF)

（1）POCKET1 的编程参数如表4.2.1 所示。

表 4.2.1　POCKET1 的编程参数

参数	类型	含义
RTP	实数	退回平面（绝对坐标）
RFP	实数	基准平面（绝对坐标）
SFD	实数	安全间隙（无符号输入）
DEP	实数	型腔深度（绝对坐标）
LENG	实数	型腔长度（无符号输入）
WID	实数	型腔宽度（无符号输入）
CRAD	实数	拐角半径（无符号输入）
CPA	实数	型腔中心点横坐标（绝对坐标）
CPO	实数	型腔中心点纵坐标（绝对坐标）
STA	实数	型腔纵轴与平面第一轴（横坐标）的夹角（无符号输入），其范围为 $0 \leqslant$ STA<180
FFD	实数	深度加工进给速度
FFS	实数	表面加工进给速度
MIDP	实数	最大切削深度（无符号输入）
MDIR	整数	铣削方向（无符号输入）：2 表示顺时针铣削（G03）；3 表示逆时针铣削（G03）
FAL	实数	轮廓边缘精加工余量（无符号输入）
TYP	整数	加工类型（无符号输入）：0 表示综合加工；1 表示粗加工；2 表示精加工

参数	类型	含义
MIDF	实数	精加工最大切削深度（无符号输入）
FFC	实数	精加工进给速度
SSF	实数	精加工主轴转速

（2）POCKET1 的功能。使用 POCKET1 可以在平面中的任意位置加工一个矩形型腔，铣削矩形型腔如图 4.2.10 所示。

图 4.2.10　铣削矩形型腔

（3）POCKET1 的参数图示如图 4.2.11 所示，其中参数 RTP、RFP、SFD、DEP、MIDP 可以参考 CYCLE72 中的说明，其他参数说明如下。

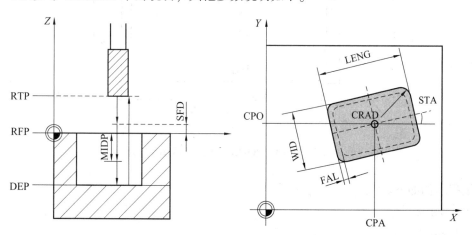

图 4.2.11　POCKET1 的参数图示

① CPA 和 CPO（中心点）：使用参数 CPA 和 CPO 定义型腔中心点的横坐标和纵坐标。

② STA（夹角）：STA 定义了型腔纵轴与工作平面第一轴（横坐标轴）之间的夹角。逆时针为正方向，0°位置为 X 正半轴。

③ LENG，WID，CRAD（型腔长度，型腔宽度，拐角半径）：使用参数 LENG、WID 和 CRAD 可以确定型腔的形状。如果刀具半径大于拐角半径，或者大于一半的型腔长度（或宽度），POCKET1 会报警。

④ MDIR（铣削方向）：通过参数 MDIR 定义加工型腔时的铣削方向。铣削方向分为顺时针方向（G02）和逆时针方向（G03），铣削方向如图 4.2.12 所示。

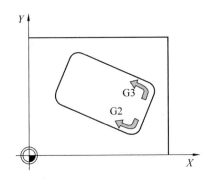

图 4.2.12　铣削方向

（4）编程举例。矩形型腔长度为 80 mm，宽度为 60 mm，拐角半径为 7 mm，深度为 10 mm，在 X/Y 平面中。型腔与 X 轴的夹角为 0°。型腔边缘的精加工余量为 0.75 mm，基准平面之前的安全间隙为 0.5 mm。型腔中心点的坐标为（46，42），粗加工最大切削深度为 4 mm，精加工最大切削深度为 2 mm，加工类型选择为综合加工，POCKET1 的编程图示如图 4.2.13 所示。

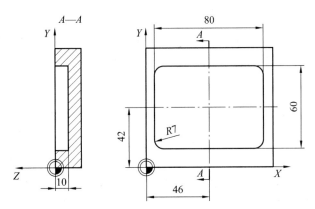

图 4.2.13　POCKET1 的编程图示

编程示例如下。

N10 T8 M6

N20 M4 S600

N30 G17 G0 G90 X100 Y100 Z10 G94

N40 POCKET1 (5, 0, 0.5, -10, 80, 60, 7, 46, 42, 0, 120, 300, 4, 2, 0.75, 0, 2, 0, 0)

N50 G0 G90 X100 Y100

N60 M30

2）圆形型腔（凹槽）铣削 POCKET2

POCKET2 的编程格式如下。

POCKET2（RTP, RFP, SFD, DEP, PRAD, CPA, CPO, FFD, FFS, MIDP, MDIR, FAL, TYP, MIDF, FFC, SSF）

（1）POCKET2 的编程参数如表 4.2.2 所示。

表 4.2.2　POCKET2 的编程参数

参数	类型	含义
RTP	实数	退回平面（绝对坐标）
RFP	实数	基准平面（绝对坐标）
SFD	实数	安全间隙（无符号输入）
DEP	实数	型腔深度（绝对坐标）
PRAD	实数	型腔半径（无符号输入）
CPA	实数	型腔中心点横坐标（绝对坐标）
CPO	实数	型腔中心点纵坐标（绝对坐标）
FFD	实数	深度加工进给速度
FFS	实数	表面加工进给速度
MIDP	实数	最大切削深度（无符号输入）
MDIR	整数	铣削方向（无符号输入）：2 表示顺时针铣削（G02）；3 表示逆时针铣削（G03）
FAL	实数	轮廓边缘精加工余量（无符号输入）
TYP	整数	加工类型（无符号输入）：0 表示综合加工；1 表示粗加工；2 表示精加工
MIDF	实数	精加工最大切削深度（无符号输入）
FFC	实数	精加工进给速度
SSF	实数	精加工主轴转速

（2）POCKET2 的功能。使用 POCKET2 可以在平面中的任意位置加工一个圆形型腔，铣削图形型腔如图 4.2.14 所示。

图 4.2.14　铣削圆形型腔

（3）POCKET2 的参数图示如图 4.2.15 所示，其中参数 RTP、RFP、SFD、DEP、MIDP 可以参考 CYCLE72 中的说明，参数 MDIR 可以参考 POCKET1 中的说明，其他参数说明如下。

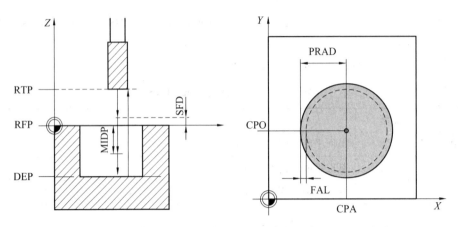

图 4.2.15 POCKET2 的参数图示

① CPA 和 CPO（中心点）：使用参数 CPA 和 CPO 定义型腔中心点的横坐标和纵坐标。

② PRAD（型腔半径）：型腔的形状取决于它的半径 PRAD。如果刀具半径大于型腔半径，POCKET2 会报警，铣削方向如图 4.2.16 所示。

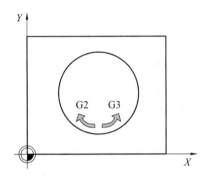

图 4.2.16 铣削方向

（4）POCKET2 的编程举例。圆形型腔位于 X/Y 平面中，中心点坐标为（30，50），型腔直径为 45 mm。精加工余量和安全间隙均为 0 mm。型腔深度为 10 mm，粗加工最大切削深度为 4 mm，铣削方向为 G2（顺时针方向），加工类型选择为粗加工，POCKET2 的编程图示如图 4.2.17 所示。

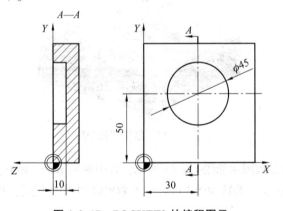

图 4.2.17 POCKET2 的编程图示

POCKET2 的程序示例如下。

N10 T8 M6

N20 M3 S800

N30 G17 G0 G90 X100 Y100 Z10 G94

N40 POCKET2 (3, 0, 0, -10, 22.5, 30, 50, 100, 200, 4, 2, 0, 1, 0, 0, 0)

N50 G0 G90 X100 Y100

N60 M30

3) 圆周键槽铣削 SLOT1

SLOT1 的编程格式如下。

SLOT1 (RTP, RFP, SFD, DEP, DPR, NUM, LENG, WID, CPA, CPO, RAD, STA, INA, FFD, FFS, MIDP, MDIR, FAL, TYP, MIDF, FFC, SSF, FALD, STA2)

（1）SLOT1 的编程参数如表4.2.3所示。

表 4.2.3 SLOT1 的编程参数

参数	类型	含义
RTP	实数	退回平面（绝对坐标）
RFP	实数	基准平面（绝对坐标）
SFD	实数	安全间隙（无符号输入）
DEP	实数	圆周键槽深度（绝对坐标）
DPR	实数	相对于基准平面的圆周键槽深度（无符号输入）
NUM	整数	圆周键槽数量
LENG	实数	圆周键槽长度（无符号输入）
WID	实数	圆周键槽宽度（无符号输入）
GPA	实数	圆弧的圆心，横坐标（绝对坐标）
GPO	实数	圆弧的圆心，纵坐标（绝对坐标）
RAD	实数	圆弧半径（无符号输入）
STA	实数	起始角值，其范围为−180<STA<180
INA	实数	增量角：增加角度
FFD	实数	深度加工进给速度
FFS	实数	表面加工进给速度
MIDP	实数	最大切削深度
MDIR	整数	圆周键槽加工的铣削方向（无符号输入）：0 表示同向铣削；1 表示逆向铣削；2 表示顺时针铣削；3 表示逆时针铣削
FAL	实数	圆周键槽边缘的精加工余量（无符号输入）

续表

参数	类型	含义
TYP	整数	加工方式（无符号输入）： 个位值为 0 表示综合加工；1 表示粗加工；2 表示精加工 十位值为 0 表示以 G00 垂直；1 表示以 G01 垂直；2 表示以 G01 摆动
MIDF	实数	精加工最大切削深度
FFC	实数	精加工进给速度
SSF	实数	精加工主轴转速
FALD	实数	圆周键槽底部精加工余量
STA2	实数	摆动运动时的最大插入角

（2）SLOT1 的功能。SLOT1 用于加工圆周键槽，其纵向轴径向对齐，如图 4.2.18 所示。

图 4.2.18　圆周键槽

（3）SLOT1 的参数图示如图 4.2.19 所示。具体的参数说明如下。

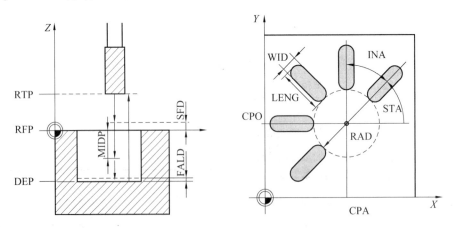

图 4.2.19　SLOT1 的参数图示

① RTP（退回平面）：循环结束以后刀具退回的位置。

② RFP（基准平面）：圆周键槽铣削的起始平面，一般指的是毛坯上表面。

③ SFD（安全间隙）：为保证安全而设定的提前基准平面的一个安全距离。

④ DEP 和 DPR（圆周键槽深度）：圆周键槽深度可以以到基准面的绝对尺寸（DEP）规定，也可以以到基准面的相对尺寸（DPR）规定。在相对尺寸时，SLOT1 利用基准平面和退回平面的位置自动计算所产生的深度。

⑤ NUM（圆周键槽数量）：参数 NUM 说明圆周键槽的个数。

⑥ LENG 和 WID（圆周键槽长度和圆周键槽宽度）：用参数 LENG 和 WID 可以确定平面中一个圆周键槽的形状。铣刀直径不能大于圆周键槽宽度，否则会报警，并且终止循环执行。铣刀直径不允许小于半个圆周键槽宽度。

⑦ CPA，CPO 和 RAD（圆弧圆心和半径）：圆弧的位置通过圆心（CPA，CPO）和半径（RAD）定义，半径仅允许取正值。

⑧ STA 和 INA（起始角和增量角）：通过这两个参数，可以确定圆弧上圆周键槽的排列。参数 STA 说明 SLOT1 调用时所激活的工作平面的横坐标与第一个圆周键槽之间的夹角。参数 INA 说明一个圆周键槽到下一个圆周键槽的夹角。如果 INA＝0，则表示在 SLOT1 内部自动根据圆周键槽数量计算增量角，这些圆周键槽均匀地分布在圆弧上。

⑨ FFD 和 FFS（进给速度）：参数 FFD 是深度加工进给速度，参数 FFS 是粗加工时的表面加工进给速度。

⑩ MIDP（切削深度）：参数 MIDP 用来确定粗加工时最大的切削深度，循环根据 MIDP 和圆周键槽深度自动计算出进刀数量和进给深度。MIDP＝0 表示按照一步进刀到圆周键槽深度。

⑪ MDIR（铣削方向）：参数 MDIR 规定圆周键槽加工的方向。铣削方向可以直接定义为顺时针方向（G02）或逆时针方向（G03），也可以定义为同向铣削或逆向铣削，SLOT1 自动结合主轴旋转方向确定铣削方向（顺时针或逆时针），MDIR 参数如表 4.2.4 所示。

表 4.2.4　MDIR 参数

同向铣削	逆向铣削
M03→G02	M03→G03
M04→G03	M04→G02

⑫ FAL（圆周键槽边缘的精加工余量）：参数 FAL 用以编程圆周键槽边缘的精加工余量，其不影响深度进给。如果参数 FAL 的值大于所给定的圆周键槽宽度和所使用的铣刀直径，则 FAL 自动削减到最大可能的值。这种情况下，在粗加工时圆周键槽长度方向上的两个端点以深度进刀往复铣削。

⑬ TYP、MIDF、FFC 和 SSF（加工方式、精加工切削深度、进给速度和主轴转速）：参数 TYP 用于确定加工方式，具体说明如下。

个位：

0 表示综合加工（先进行粗加工，再进行精加工）。在粗加工中，扩孔加工圆周键槽直至尺寸达到精加工余量的要求。主轴转速使用的是调用循环之前编程的主轴转速，进给由参数 FFS 确定，切削深度由参数 MIDP 确定；在精加工中，主轴转速由参数 SSF 确定，进给由参数 FFC 确定，切削深度由参数 MIDF 确定。

如果 MIDF=0，则进刀立即到最终深度。

如果没有编程参数 FFC，则参数 FFS 生效。

如果没有编程参数 SSF，则循环调用之前编程的转速生效。

1 表示粗加工。使用循环调用之前编程的转速和参数 FFS 对圆周键槽进行扩孔，加工直至尺寸达到精加工余量的要求，切削深度由参数 MIDP 确定。

2 表示精加工。该循环以此为前提：圆周键槽已经扩孔，且尺寸达到精加工余量的要求，并且还仅仅要求对精加工余量进行处理。如果没有给出参数 FFC 和参数 SSF 的值，则参数 FFS 和循环调用之前编程的转速生效。参数 MIDF 的值决定切削深度。

十位：

0 表示以 G00 垂直进刀；1 表示以 G01 垂直进刀；2 表示以 G01 摆动进刀。

垂直插入加工（TYP=0X，TYP=1X）：始终在加工平面中的同一个位置（RAD+WID/2，0）进行垂直深度进刀，直至达到圆周键槽的最终深度。

摆动插入加工（TYP=3X）：表明铣刀中心以一条直线来回摆动，斜着插入直至到达下一个深度。最大的插入角由 STA2 确定，摆动位移的长度由 LENG−WID 计算，摆动进刀图示如图 4.2.20 所示。

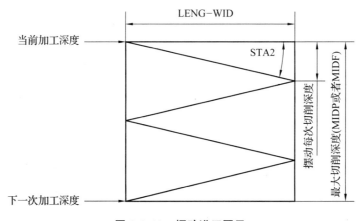

图 4.2.20 摆动进刀图示

如果最大切削深度为摆动每次进给深度的偶数倍，则 X 轴的下刀点位于靠近圆弧圆心的圆周键槽长轴端点；如果最大切削深度为摆动每次进给深度的奇数倍，则 X 轴的下刀点位于远离圆弧圆心的圆周键槽长轴端点。最大切削深度并不是实际加工中的切削深度，在循环内部，数控系统会根据 RFP、DEP、MIDP、MIDF 这些参数，计算出一个合理的切削深度。

如果参数 TYP 编程一个其他值，则循环中断并报警。

⑭ FALD（圆周键槽底部的精加工余量）：在粗加工时，在底部给定一个精加工余量。

⑮ STA2（插入角）：参数 STA2 定义最大的插入角，用于摆动加工。

（4）SLOT1 的编程举例。该程序加工 4 个圆周键槽，位于一个圆弧上，SLOT1 的编程图示如图 4.2.21。圆周键槽的尺寸为：长度 20 mm，宽度 10 mm，深度 20 mm。安全距离 1 mm，精加工余量 0.5 mm，铣削方向为 G2，深度方向最大进刀为 6 mm。圆周键槽应该完全通过摆动插入进行加工。

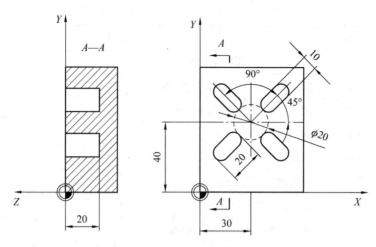

图 4.2.21 SLOT1 的编程图示

SLOT1 的程序示例如下。

N10 G17 G90 S600 M3

N20 T10 D1

N30 M6

N40 G0 Y20 X5 Z50

N50 SLOT1 (5, 0, 1, -20, 0, 4, 20, 10, 30, 40, 10, 45, 90, 100, 320, 6, 2, 0.5, 20, 4, 400, 1200, 0.5, 5)

N60 M30

4）环形键槽铣削 SLOT2

SLOT2 的编程格式如下。

SLOT2 (RTP, RFP, SFD, DEP, DPR, NUM, ASL, WID, CPA, CPO, RAD, STA, INA, FFD, FFS, MIDP, MDIR, FAL, TYP, MIDF, FFC, SSF, FFCP)

（1）SLOT2 的编程参数如表 4.2.5 所示。

表 4.2.5 SLOT2 的编程参数

参数	类型	含义
RTP	实数	退回平面（绝对坐标）
RFP	实数	基准平面（绝对坐标）
SFD	实数	安全间隙（无符号输入）
DEP	实数	环形键槽深度（绝对坐标）
DPR	实数	相对于基准平面的环形键槽深度（无符号输入）
NUM	整数	环形键槽数量
ASL	实数	环形键槽角度（无符号输入）
WID	实数	环形键槽宽度（无符号输入）

续表

参数	类型	含义
CPA	实数	圆弧的圆心，横坐标（绝对坐标）
CPO	实数	圆弧的圆心，纵坐标（绝对坐标）
RAD	实数	圆弧的半径（无符号输入）
STA	实数	起始角
INA	实数	增量角：增加角度
FFD	实数	深度加工进给速度
FFS	实数	表面加工进给速度
MIDP	实数	最大切削深度（无符号输入）
MDIR	整数	环形键槽加工的铣削方向：2 表示顺时针铣削（G02）；3 表示逆时针铣削（G03）
FAL	实数	环形键槽边缘的精加工余量（无符号输入）
TYP	整数	加工方式： 个位值为 0 表示综合加工；1 表示粗加工；2 表示精加工 十位值为 0 表示两个槽之间过渡处以 G00 方向进刀；1 表示两个槽之间过渡处以 G02、G03 方向沿着环形键槽所在的圆弧轨道进刀
MIDF	实数	精加工最大切削深度
FFC	实数	精加工进给速度
SSF	实数	精加工主轴转速
FFCP	实数	中间定位进给速度，在环形轨道上，单位 mm/min

（2）SLOT2 的功能。SLOT2 用于加工环形键槽，这些槽位于一个圆弧上，环形键槽如图 4.2.22 所示。

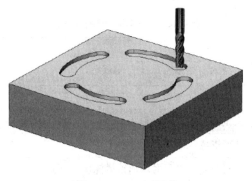

图 4.2.22　环形键槽

（3）SLOT2 的参数图示如图 4.2.23 所示。其中参数 RTP、RFP、SFD、DEP、DPR、FFD、FFS、MIDP、MDIR、FAL、TYP、MIDF、FFC、SSF 参见 SLOT1 中的说明。其他参数的说明如下。

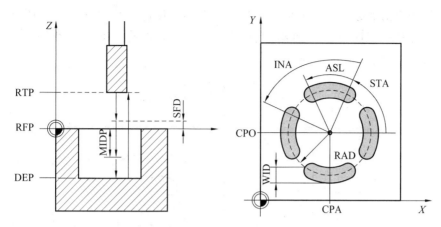

图 4.2.23 SLOT2 的参数图示

① NUM（环形键槽数量）：参数 NUM 用于说明环形键槽个数。

② ASL 和 WID（角度和环形键槽宽度）：参数 ASL 和 WID 可以确定平面中一个环形键槽的形状。这两参数确定后 SLOT2 内部将检查使用当前刀具是否会损伤环形键槽，若结果为是则报警，并停止循环的执行。

③ CPA、CPO 和 RAD（圆心和半径）：圆弧的位置通过圆心（CPA，CPO）和半径（RAD）确定，半径仅允许正值。

④ TYP（加工方式）：加工方式中十位上数值所代表的含义如图 4.2.24 所示。

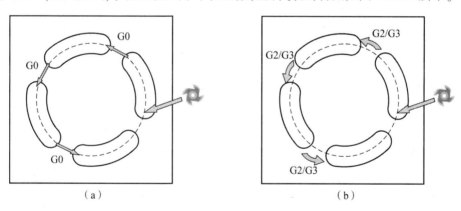

（a） （b）

图 4.2.24 加工方式中十位上数值所代表的含义

（a）十位上数值为 0；（b）十位上数值为 1

⑤ STA 和 INA（起始角和增量角）：通过这些参数，可以确定圆弧上环形键槽的排列。参数 STA 说明循环调用之前工件坐标系横坐标的正方向与第一个环形键槽之间的夹角。参数 INA 包含一个环形键槽到下一个环形键槽之间的夹角。如果 INA = 0，则在循环内部用环形键槽的数量自动计算出增量角，这些环形键槽均匀地分布在圆弧上。

（4）编程举例。加工 4 个环形键槽，它们位于一个圆弧上，圆心为（30，40），半径 17 mm，在 X/Y 平面中，这些环形键槽有以下尺寸：宽度 6 mm，圆弧形槽口的圆心夹角为 40°，深度 9 mm。起始角为 70°，增量角为 90°。在环形键槽轮廓上考虑 0.5 mm 的精加工余量，横向进给轴 Z 方向安全距离为 2 mm，最大深度进给为 4 mm。这些环形键槽应该综合加工。在精加工时转速和进给应该相同，精加工时的切削应该到最大切削深度，SLOT2 的编程图示如图 4.2.25 所示。

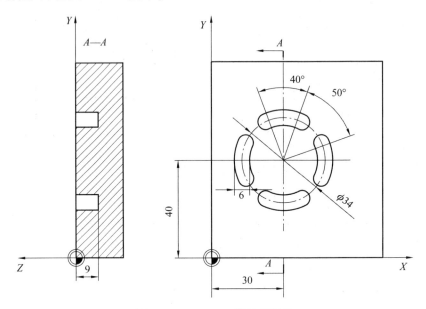

图 4.2.25　SLOT2 的编程图示

SLOT2 的程序示例如下。

N10 G17 G90 S600 M3

N20 T10 D1

N30 M6

N40 G0 X60 Y60 Z5

N50 SLOT2 (5, 0, 2, -9, 0, 4, 40, 6, 30, 40, 17, 70, 90, 100, 300, 4, 2, 0.5, 0, 3, 0, 600, 0)

N60 M30

2. 典型案例

零件图如图 4.2.26 所示，零件材料为 45 钢，单件生产，试编写零件矩形型腔与环形键槽加工程序。

解题步骤如下。

（1）零件图工艺分析。该零件由凸台、矩形型腔和环形键槽组成，外形已加工至尺寸要求，矩形型腔与环形键槽加工时需分层铣削。

（2）零件的定位基准和装夹方式。选用下表面作为定位基准面，采用平口钳装夹，垂直水平找正。

（3）刀具选择及切削用量的确定。选用 ϕ10 mm 硬质合金键槽铣刀粗加工，主轴转速取 1 500 r/min、进给速度取 300 mm/min、背吃刀量取 1 mm。

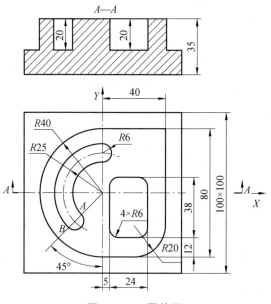

图 4.2.26 零件图

(4) 工件坐标系零点确定在工件中心的上表面。节点的计算为 A (-13.44, -13.44)，B (-21.92, -21.92)。

(5) 编写程序如下（加工前已完成对刀，换刀）。

ZKX11

G54 G17 G90 G94

G0 Z100

G00 X0 Y0

M03 S1500

M08

G01 Z10 F1000

CALLZ111   调用子程序 Z111

CALLZ112   调用子程序 Z112

G90 G00 Z200

M09

M05

M30

Z111   加工环形键槽子程序号

G90 G01 X0 Y25 F1000

Z0 F60

G41 X0 Y31 D01 F300

CALLZ113 P20   调用子程序 Z113、循环 20 次

```
G90 G03 X-21.92 Y-21.92 R31

G01 Z10 F500

G40 X0 Y-21.92

Z113                              环形键槽加工具体走刀轨线

G03 X-21.92 Y-21.92

G91 Z-1

G90 R31 F260

G03 X-13.44 Y-13.44 R6 F220

G02 X0 Y19 R19 F280

G03 X0 Y31 R6 F220

Z112                              加工矩形型腔子程序号

G90 G01 X17 Y4 F1000

Z0 F60

G41 X5 Y4 D01 F300

CALLZ114 P20                      调用子程序 Z114，循环 20 次

G01 X5 Y-22 F300

Z10 F500

G40 X17 Y-22

Z114                              矩形型腔具体走刀轨线

G01 X5 Y-22 G91 Z-1 F260

G90 G03 X11 Y-28 R6 F240

G01 X23 F300

G03 X29 Y-22 R6 F240

G01 Y4 F300

G03 X23 Y10 R6 F240

G01 X11 F300

G03 X5 Y4 R6 F240
```

上述例题中主程序调用子程序，子程序又调用另外子程序，程序之间两重嵌套，这样编写程序的好处是思路比较清晰，当程序出错时，容易检查。

3. 加工工艺分析

零件图如图 4.2.27 所示，毛坯为 φ100 mm×25 mm 的圆柱，材料为 45 调质钢，分析加工工艺并编制数控加工程序。

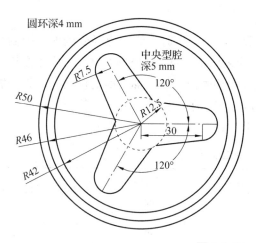

图 4.2.27 零件图

1）零件图工艺分析

此零件图标注尺寸齐全，分析图 4.2.27 可知，中心型腔为 3 个成 120°夹角的圆周键槽，可以考虑用旋转坐标进行加工；外部环形键槽深 4 mm、宽 4 mm，用 ϕ4 mm 键槽铣刀加工。

2）选择加工设备

对平面型腔零件的数控铣削加工，一般采用两轴以上联动的数控机床。考虑到零件的外形尺寸和重量均不大，一般的小型数控铣床和加工中心均能满足要求。此零件对 3 个圆周键槽的圆周分布要求较高，可选用两轴以上联动的数控加工中心加工。

3）确定装夹方案

根据零件形状特点，采用自定心卡盘装夹，毛坯下面垫垫铁，使其上表面与钳口平齐。

4）确定加工顺序及走刀轨线

外部环形键槽用 ϕ4 mm 键槽铣刀直接下刀，一次加工成形，不再精铣。中央型腔分粗、精加工进行。首先铣削零件中心圆形型腔，然后粗加工转臂型腔。中央型腔精加工采用坐标系旋转指令，进行逆铣。各连接圆弧及基点坐标如图 4.2.28 所示。

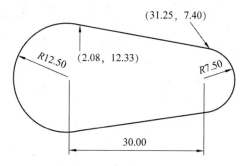

图 4.2.28 各连接圆弧及基点坐标

5) 刀具及切削参数的选择

根据零件的结构特点，铣削零件中心圆形型腔内轮廓时，铣刀直径受到槽宽限制，同时考虑45钢加工性能较好，粗加工、精加工均采用$\phi 12$ mm高速钢立铣刀。由于立铣刀不能在Z向直接下刀，所以铣削3个均布型腔之前要做出立铣刀加工前的预孔，因为型腔不深，不需用钻头钻预孔，可直接用立铣刀螺旋下刀切削中间$\phi 25$ mm的整圆，然后以加工好的整圆处作为转臂加工的下刀位。数控加工刀具卡片如表4.2.6所示。

表4.2.6 数控加工刀具卡片

工序	加工内容	刀具号	刀具类型	主轴转速 /($r \cdot min^{-1}$)	进给量 /mm	半径补偿	长度补偿
1	圆形型腔	T01	$\phi 4$ mm 键槽铣刀	1 200	50	无	H01
2	内轮廓粗加工	T02	$\phi 12$ mm 高速钢立铣刀	800	80	无	H02
3	内轮廓精加工	T03	$\phi 12$ mm 高速钢立铣刀	800	120	D01（6.0）	H03

6) 填写加工工艺卡片

将各工步的加工内容、所用刀具和切削用量填入平面槽形零件数控加工工艺卡片中，见表4.2.7。

表4.2.7 平面槽形零件数控加工工艺卡片

数控加工卡片		产品名称或代号	零件名称		材料	零件图号
		×××	某产品标志		45	Z04
工序	程序编号	夹具名称	使用设备		车间	
/	ZKX15 ZKX16	自定心卡盘	加工中心		智能制造车间	
工步	工序内容	刀具号	刀具规格	主轴转速 n/($r \cdot min^{-1}$)	进给速度 F /($mm \cdot min^{-1}$)	背吃刀量 a_p/mm	量具	备注
1	圆形凹槽	T01	$\phi 4$ mm 键槽铣刀	1200	50		游标卡尺	
2	内轮廓粗加工	T02	$\phi 12$ mm 高速钢立铣刀	800	80			
3	内轮廓精加工	T03	$\phi 12$ mm 高速钢立铣刀	800	120		样板游标卡尺	
4	清理入库	T04						
编制	×××	审核	×××	批准	×××	年 月 日	共 页	第 页

▰▰▰ **练习与提高** ----

如图4.2.29所示，零件材料为45钢，已经完成六面体的加工，现在要求加工键槽和型腔，请选择合理的刀具及切削参数，利用i5智能机床编程指令完成零件的数控加工程序。

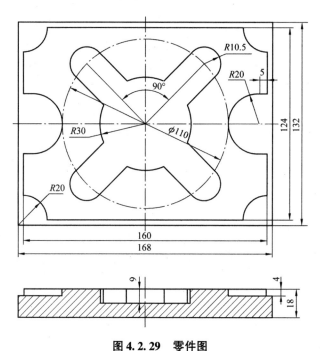

图4.2.29　零件图

模块五

智能加工中心组合件的铣削加工

项目
智能加工中心组合件的铣削加工

	学习任务	知识点	能力要求
任务	组合件的铣削加工工艺分析和切削参数选择	编程加工工艺卡片与刀具选择	学会选择正确的数控加工刀具,能够拟定合理的工艺路线

组合件如图 5.1.1 所示,使用 i5 智能加工中心完成其加工,工件外形尺寸分别为 160 mm×120 mm×12 mm 和 160 mm×120 mm×30 mm,除上表面以外的其他表面均已加工,并符合图纸各项尺寸精度要求,材料为 45 钢。按照图样要求完成零件节点、基点计算,设定工件坐标系,制定正确的工艺方案(包括定位、夹紧方案和工艺路线),选择合理的刀具和切削工艺参数,编写数控加工程序。

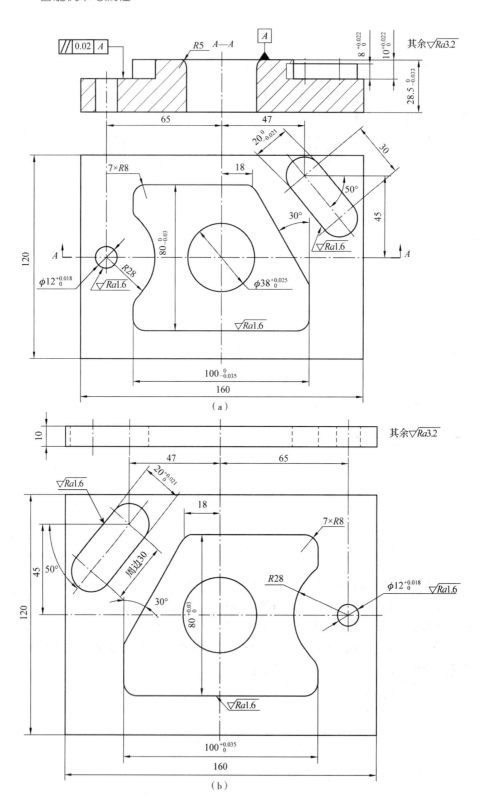

图 5.1.1 组合件

(a) 零件 1; (b) 零件 2

任务 组合件的铣削加工工艺分析和切削参数选择

知识平台

1. 铣削加工工艺分析

图5.1.1中零件1和零件2外形规则，被加工部分的各尺寸、形位、表面粗糙度值及凹凸配合等要求较高。两零件结构简单，包含了平面、圆弧、内外轮廓、挖槽、钻孔、镗孔、铰孔，以及三维曲面的加工，并且大部分的尺寸均达到IT8~IT7级精度。

零件1和零件2都选用机用平口钳装夹，校正平口钳固定钳口，使之与工作台X轴移动方向平行。在工件下表面与平口钳之间放入精度较高的平行垫块（垫块厚度与宽度适当），利用橡皮锤或铜锤敲击工件，使平行垫块不能移动后夹紧工件。以零件1为例，利用寻边器找正工件X、Y轴零点，该零点位于工件上表面的中心位置，设置Z轴零点与机械原点重合，刀具长度补偿利用Z轴定位器设定。零件2的X、Y轴零点位于工件上表面的中心位置，找正方法与零件1类同。对于同一把刀具仍调用相等的刀具长度与半径补偿值，但它们设定的工件坐标系不同，也可不使用刀具长度补偿功能，而根据不同刀具设定多个工件坐标系零点进行编程加工。零件1和零件2上表面为执行刀具长度补偿后的零点表面。

首先，根据图样要求加工零件1，然后加工零件2。零件2完成加工后必须在拆卸之前与零件1进行配合，若间隙偏小，可改变刀具半径补偿，将轮廓进行再次加工，直至配合情况良好后取下零件2。根据零件图样要求给出零件1的加工工序如下。

（1）铣削上表面，保证尺寸10 mm，选用φ80 mm可转位铣刀（5个刀片）。

（2）钻两个工艺孔，选用φ11.8 mm直柄麻花钻。

（3）粗加工两个凹型腔（落料），选用φ14 mm三刃立铣刀。

（4）精加工两个凹型腔，选用φ12 mm四刃立铣刀。

（5）点孔加工，选用φ3 mm中心钻。

（6）钻孔加工，选用φ11.8 mm直柄麻花钻。

（7）铰孔加工，选用φ12 mm机用铰刀。

零件2的加工工序如下。

（1）铣削上表面，保证尺寸28.5 mm，选用φ80 mm可转位铣刀（5个刀片）。

（2）粗加工两个外轮廓，选用φ16 mm三刃立铣刀。

（3）铣削边角料，选用φ16 mm三刃立铣刀。

（4）钻中间位置孔，选用φ11.8 mm直柄麻花钻。

（5）扩中间位置孔，选用φ35 mm锥柄麻花钻。

（6）精加工两外轮廓，选用φ12 mm四刃立铣刀。

（7）加工键形凸台表面，选用φ12 mm四刃立铣刀。

（8）粗镗φ37.5 mm孔，选用φ37.5 mm粗镗刀。

（9）精镗 $\phi38$ mm 孔，选用 $\phi38$ mm 精镗刀。

（10）点孔加工，选用 $\phi3$ mm 中心钻。

（11）钻孔加工，选用 $\phi11.8$ mm 直柄麻花钻。

（12）铰孔加工，选用 $\phi12$ mm 机用铰刀。

（13）倒孔口 $R5$ 圆角，选用 $\phi14$ mm 三刃立铣刀。

2. 切削参数选择

1）刀具的选择

加工过程中采用的刀具有 $\phi80$ mm 可转位铣刀，$\phi16$ mm、$\phi14$ mm 三刃立铣刀，$\phi12$ mm 四刃立铣刀，$\phi3$ mm 中心钻，$\phi11.8$ mm、$\phi35$ mm 麻花钻，$\phi12$ mm 机用铰刀，$\phi37.5$ mm 粗镗刀，$\phi38$ mm 精镗刀。

2）切削用量选择

零件 1 和零件 2 各工序的刀具与切削参数如表 5.1.1 和表 5.1.2 所示。

表 5.1.1　零件 1 各工序的刀具与切削参数

加工步骤		刀具与切削参数					
序号	加工内容	刀具规格		主轴转速 n /(r·min^{-1})	进给速度 v_f /(mm·min^{-1})	刀具补偿	
		类型	材质			长度	半径
1	粗加工上表面	$\phi80$ mm 可转位铣刀 （5 个刀片）	硬质合金	450	300	H1/T1D1	
2	精加工上表面			800	160		
3	钻两个工艺孔	$\phi11.8$ mm 直柄麻花钻	高速钢	550	80	H2/T2D1	
4	粗加工两个凹型腔（落料）	$\phi14$ mm 三刃立铣刀		500	80	H3/T3D1	7.2 mm
5	精加工两个凹型腔	$\phi12$ mm 四刃立铣刀		800	100	H4/T4D1	5.98 mm
6	点孔加工	$\phi3$ mm 中心钻		1 200	120	H5/T5D1	
7	钻孔加工	$\phi11.8$ mm 直柄麻花钻		550	80	H2/T2D1	
8	铰孔加工	$\phi12$ mm 机用铰刀		300	50	H6/T6D1	

表 5.1.2　零件 2 各工序的刀具与切削参数

加工步骤		刀具与切削参数					
序号	加工内容	刀具规格		主轴转速 n /(r·min^{-1})	进给速度 v_f /(mm·min^{-1})	刀具补偿	
		类型	材料			长度	半径
1	粗加工上表面	$\phi80$ mm 可转位铣刀 （5 个刀片）	硬质合金	450	300	H1/T1D1	
2	精加工上表面			800	160		

加工步骤		刀具与切削参数					
3	粗加工两个外轮廓	$\phi16$ mm 三刃立铣刀	高速钢	500	120	H7/T7D1	8.2 mm
4	铣削边角料						
5	钻中间位置孔	$\phi11.8$ mm 直柄麻花钻		550	80	H2/T2D1	
6	扩中间位置孔	$\phi35$ mm 锥柄麻花钻		150	20	H8/T8D1	
7	精加工两个外轮廓	$\phi12$ mm 四刃立铣刀		800	100	H4/T4D1	5.985 mm
8	加工键形凸台表面						
9	粗镗 $\phi37.5$ mm 孔	$\phi37.5$ mm 粗镗刀	硬质合金	850	80	H9/T9D1	
10	精镗 $\phi38$ mm 孔	$\phi38$ mm 精镗刀		1 000	40	H10/T10D1	
11	点孔加工	$\phi3$ mm 中心钻	高速钢	1 200	120	H5/T5D1	
12	钻孔加工	$\phi11.8$ mm 直柄麻花钻		550	80	H2/T2D1	
13	铰孔加工	$\phi12$ mm 机用铰刀		300	50	H6/T6D1	
14	倒孔口 $R5$ 圆角	$\phi14$ mm 三刃立铣刀		800	1000	H3/T3D1	

练习与提高

编制图 5.1.2 和图 5.1.3 的加工工艺以及加工程序。

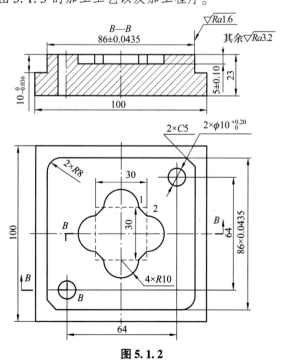

图 5.1.2

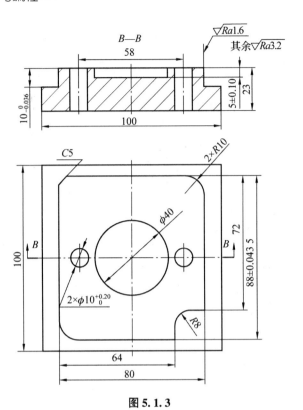

图 5.1.3

模块六

智能加工中心计算机辅助编程

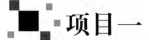项目一

五骏图的三轴 UG 加工

■/\ **项目目标** - - - -

◆ 了解 UG 加工基础知识与操作流程。

◆ 了解平面铣、型腔铣基本操作。

◆ 掌握五骏图的 UG 加工。

■/\ **任务列表** - - - -

学习任务	知识点	能力要求
任务一 UG 加工基础知识与操作流程	UG 加工基本流程 平面铣基本操作 型腔铣基本操作	了解 UG 加工基础知识与操作流程 了解平面铣、型腔铣基本操作
任务二 五骏图的 UG 加工	加工的工艺准备 编程实施	掌握五骏图的 UG 加工

任务一 UG 加工基础知识与操作流程

■/\ **任务导入** - - - -

心形模型和曲面模型如图 6.1.1 所示，请给出其 UG 加工方案。

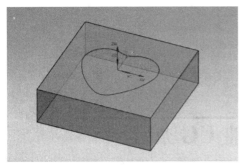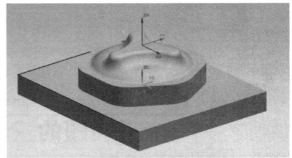

图 6.1.1　心形模型和曲面模型

1. UG 加工基本流程

1）NX CAM 模块的特点

NX CAM 模块的特点如下。

（1）提供可靠、精确的刀具路径。NX CAM 模块可以直接在实体及曲面上生成可靠、精确的刀具路径；其拥有良好的用户界面、多种走刀方式，可以让用户根据自己的需要建立不同的界面，让 NC 工程师高效地完成各种刀具路径。

（2）多种刀具的使用。NX CAM 模块提供完整的刀具库，让新用户可以充分利用资深编程人员的经验，设计优良的刀具路径；用户也可以自定义刀具库。NX CAM 模块提供多种类型的刀具，NC 工程师可以根据机床的性能、毛坯的材料、夹持方式和切削效率自由选择平刀、球刀、牛鼻刀、T 型刀等刀具进行加工。

（3）多种走刀方式。NX CAM 模块在切削类型中提供往复切削、单向切削、螺旋切削、沿边切削、多层沿边切削等多种走刀方式。在固定轴曲面轮廓加工中，NX CAM 模块提供曲线与点驱动、螺旋驱动、边界驱动、区域驱动、曲面驱动、径向驱动、清根驱动等多种驱动方法来加工复杂零件。

（4）可以设置不同切削深度。为了给精加工留下均匀的余量，同时提高加工效率，用户可以在 NX CAM 模块中根据零件的形状特征、加工区域的不同高度，设定不同的切削深度。在陡峭区可以设置较大的切削深度，在平坦的区域则要设置较小的切削深度。

（5）多种进、退刀方法。NX CAM 模块为了满足不同的加工需要提供直线、折线、圆弧等多种进、退刀方法。同时可以在不同的加工区域设置不同的进刀点和预钻孔位置。零件三维模型是 NX CAM 模块编程的前提，以 CAD 模型作为加工对象进行人机交互编程。因此，三维模型的难易、好坏程度也决定了编程的难度和加工误差，甚至坏的模型（模型存在破碎面，错位面等）在编程之前要大幅度地修改才能加工。

2）获得 CAD 模型的方式

在 NX CAM 模块中获得 CAD 模型主要有以下两种方式。

（1）直接利用 NX CAD 创建的模型。

（2）图档的数据转换，转换的途径主要有两种。第一种是直接利用 NX 数据转换器打开文件，实行数据交换，对于一些无法直接打开的可以利用 NX CAM 模块的导入功能打开。第二种是二次转换，即首先将文件生成通用数据格式，再利用 NX 数据转换器打开。假设是 CATIA 文件，则先使用 CATIA 软件将文件生成 STEP、IGES 等中性文件，然后再使用 NX 数据转换器打开。

3）NX 的加工类型

NX CAM 模块的加工类型有点位加工、铣削加工、车削加工、线切割加工四类。

（1）点位加工（Drill）：点位加工可产生钻、扩、镗、铰和攻螺纹等操作的刀具路径。该加工类型的特点是用点作为驱动几何，可根据需要选择不同的固定循环。

（2）铣削加工（Mill）：铣削加工是最常用也是最重要的一种加工方式。根据加工表面形状可分为平面铣和轮廓铣。根据在加工过程中机床主轴相对于零件是否改变，可分为固定轴铣和可变轴铣，具体可分为平面铣（Mill-Planar）、型腔铣（Cavity-Mill）、固定轮廓铣（Fix-Contour）、可变轮廓铣（Variable-Contour）、顺序铣（Sequential-Mill）。

（3）车削加工（Turning）：车削加工分为粗车、精车、车槽、车螺纹和钻孔等类型。

4）UG 加工的流程

UG 加工的一般流程如下：

（1）指定部件，指定毛坯；

（2）创建工序（如边界铣削）；

（3）指定机床坐标系、指定安全平面；

（4）创建刀具；

（5）创建程序；

（6）设置切削参数；

（7）设置非切削移动；

（8）模拟路径；

（9）生成程序。

5）UG 加工环境

UG 加工环境是指进入 UG 的制造模块后进行加工编程作业的软件环境，它是实现 UG、CAM 加工的起点。单击"开始"菜单，在弹出的菜单中选择"加工"命令，便进入 UG 的加工应用模块。

6）创建程序组

在程序视图中，单击"创建程序"图标或者在主菜单上选择"插入"→"程序"，系统弹出"创建程序"对话框。

然后，在"类型"下拉菜单中选择合适的模板类型；在"程序"下拉列表框中，选择新建程序所附属的父程序组；在"名称"文本框中输入名称。最后单击"确定"按钮创建一个程序组，其可在操作导航器中查看。程序顺序视图，如图 6.1.2 所示。

图 6.1.2　程序顺序视图

7）创建刀具

刀具是从毛坯上切除材料的工具，用户可以根据需要创建新刀具。基于选定的 CAM 配置，可创建不同类型的刀具。在"创建刀具"对话框中，当选择"类型"为"drill"时，能创建用于钻孔、镗孔和攻螺纹等用途的刀具；当选择类型为"mill-planar"时，能创建用于平面加工用途的刀具；当选择类型为"mill-contour"时，能创建用于外形加工用途的刀具。"创建刀具"对话框如图 6.1.3 所示，刀具参数设定如图 6.1.4 所示。

图 6.1.3　"创建刀具"对话框

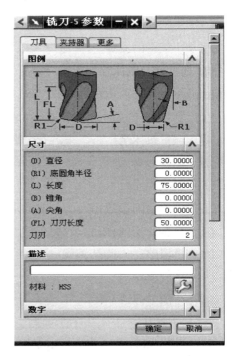

图 6.1.4　刀具参数设定

创建几何体可以指定毛坯、修剪和检查几何形状、加工坐标系（MCS）的方位和安全平面等参数，为后续操作提供便利。不同的操作类型需要不同的几何类型，平面操作要求指定边界，而曲面轮廓操作需要面或体作为几何对象。双击"MCS-MILL"选项，系统弹出"MILL-orient"对话框，双击"WORKPIECE"选项，对加工几何和毛坯几何进行设置，几何体的选用如图 6.1.5 所示。

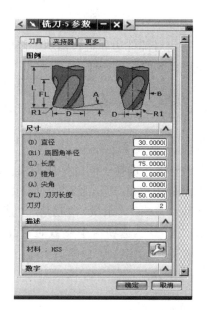

图 6.1.5　几何体的选用

8）创建加工方法

零件加工时，为了保证其加工精度，需要进行粗加工、半精加工和精加工等多个步骤。创建加工方法，其实就是给这些步骤指定内外公差、余量和进给量等参数。将操作导航器切换到加工方法视图，可以看到系统默认给出的四种加工方法，即粗加工（MILL-ROUGH）、半精加工（MILL-SEMI-FINSH）、精加工（MILL-FINSH）和钻孔（MILLMETHOD）。

2. 点位加工

为了创建点位加工刀轨，需要定义点位加工几何体。点位加工几何体的设置包括指定孔、部件表面和底面 3 种加工选项，其中孔为必选项，而部件表面和底面为可选项。

在"钻"对话框的几何体中单击"指定孔"图标，系统弹出"点到点几何体"对话框，其中"选择"选项用于选择加工的点位几何对象（这些几何对象可以是一般点、圆弧、圆、椭圆，以及实心体或片体上的孔），其余选项用于编辑已指定的点位。

3. 平面铣

平面铣（planar milling）是用于平面轮廓、平面区域或平面孤岛的一种铣削方式，平面铣与表面铣有许多类似的地方。它通过逐层切削工件来创建刀具路径，可用于零件的粗、精加工，尤其适合于底面是平面且垂直于刀轴，侧壁为垂直面的工件。

1）平面铣中的几何体边界分类

在平面铣中几何体的边界分类包括：部件边界、毛坯边界、检查边界和修剪边界 4 种类型。

（1）部件边界：部件边界用来指定刀具运动的轨迹，它可以通过面、边、曲线和点来定义，在 4 种边界中它是必须要定义的边界。部件边界有封闭和打开两种类型。

（2）毛坯边界：毛坯边界是用来指定要去除的多余材料，定义的方法和部件边界一样。其中毛坯边界一定要封闭，材料侧刚好和部件边界材料侧相反。

（3）检查边界：检查边界是指定刀具不能进入的区域，比如夹具。检查边界定义的方法和部件边界一样。

（4）修剪边界：修剪边界指定对部件边界进行修剪。修剪的材料可以是内部、外部或是左侧、右侧。定义的方法和定义部件边界一样。

2）切削模式

在平面铣操作中，切削模式决定了用于加工切削区域的走刀方式，共 8 种可选的切削模式，如图 6.1.6 所示。

3）切削参数

切削参数是每种操作共有的选项，选择不同的操作类型、切削方式，切削参数中选项会有所不同。在"平面铣"对话框中单击"切削参数"图标，进入"切削参数"对话框，其中共包括 6 个选项卡，分别是"策略""余量""拐角""连接""未切削"和"更多"。"拐角""连接""未切削"和"更多"选项卡中参数通常都可以直接使用默认值，切削参数如图 6.1.7 所示。

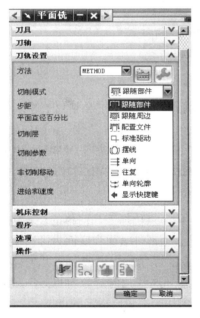

图 6.1.6　切削模式

图 6.1.7　切削参数

4）非切削移动

非切削移动控制如何将多个刀轨段连接为一个相连的完整刀轨。非切削移动在切削运动之前、之后和之间定位刀具。非切削移动可以简单到单个的进刀和退刀，或复杂到一系列定制的进刀、退刀和移刀（离开、移刀、逼近）运动，这些运动的设计目的是协调刀轨之间的多个部件曲面、检查曲面和提升操作。

5）平面铣基本操作

平面铣加工时，加工区域是由边界几何体所限定的。在"操作"选项卡中，可以看到边界包括部件、毛坯、检查和修剪 4 种形式，用于计算刀轨，定义刀具运动范围，控制刀具切削深度。

在"平面铣"对话框中单击"指定部件边界"图标，系统自动打开"边界几何体"对话框。

（1）打开"创建工序"对话框如图6.1.8所示。

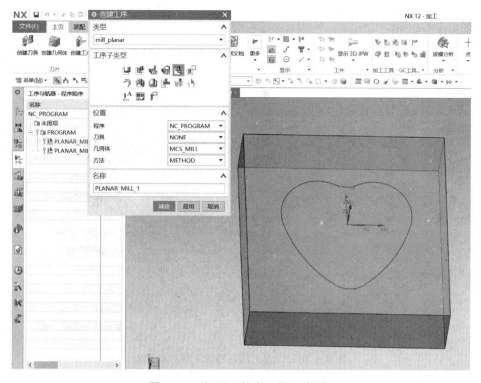

图6.1.8　打开"创建工序"对话框

（2）设置"指定部件边界"栏如图6.1.9所示。

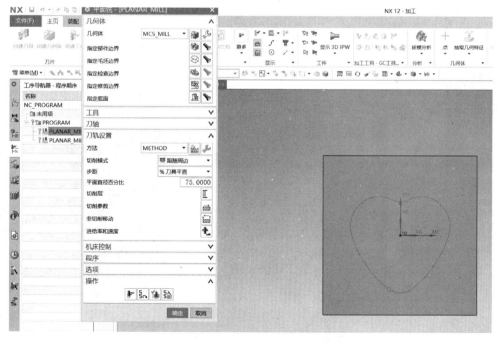

图6.1.9　设置"指定部件边界"栏

（3）设置"切削模式"下拉列表框中的"跟随部件"如图6.1.10所示。

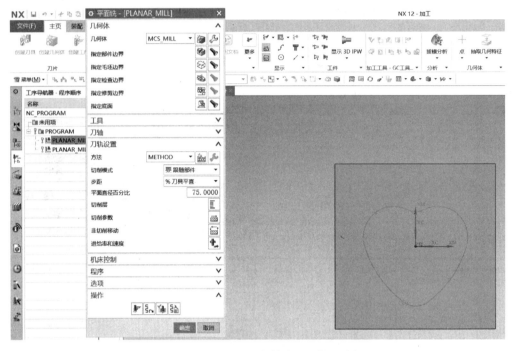

图6.1.10　设置"切削模式"下拉列表框

（4）设置"切削层"对话框中的"每刀切削深度"栏，如图6.1.11所示。

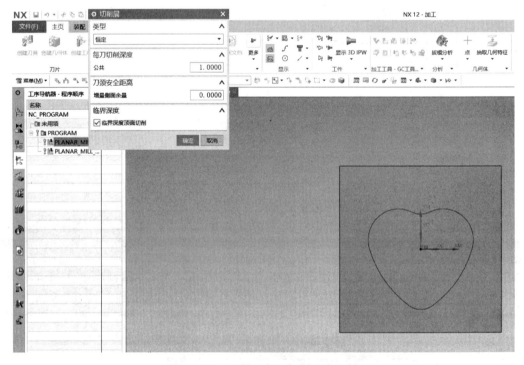

图6.1.11　设置"每刀切削深度"栏

（5）设置"切削参数"对话框如图6.1.12所示。

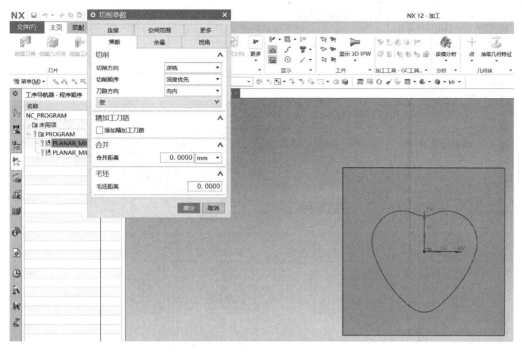

图6.1.12 设置"切削参数"对话框

（6）设置"非切削移动"对话框如图6.1.13所示。

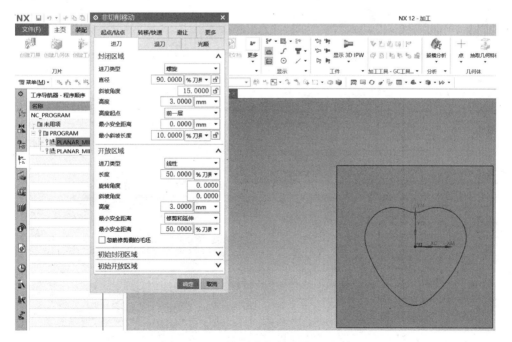

图6.1.13 设置"非切削移动"对话框

（7）设置"进给率和速度"对话框如图6.1.14所示。

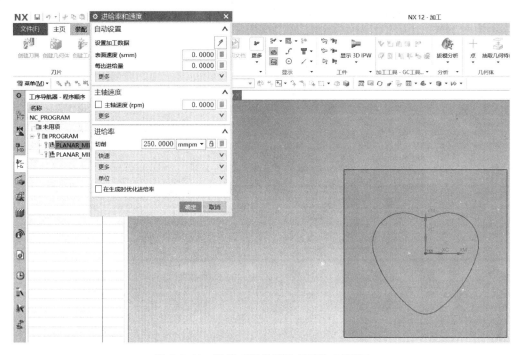

图 6.1.14 设置"进给率和速度"对话框

（8）确认刀轨模拟如图6.1.15所示。

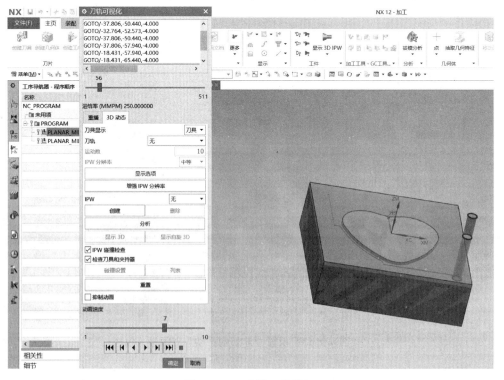

图 6.1.15 确认刀轨模拟

（9）设置 i5 智能加工中心后处理进行程序输出。

4. 型腔铣基本操作

1）型腔铣的概述

型腔铣用于创建粗加工的型腔或型芯区域的刀具路径。根据型腔或型芯的形状，将要加工的部位在 Z 轴方向上分成多个切削层进行切削，每一切削层可以指定不同的深度，完成复杂零件表面的加工。

2）型腔铣和平面铣的相同点与不同点

型腔铣和平面铣都是由多个垂直于刀轴矢量的平面与零件表面求出交线，将交线偏置出刀具半径值得到刀具路径。两种操作的刀轴都是固定的，并且垂直于切削平面，且都可去除垂直于刀轴矢量切削层中的材料。

两种操作的刀具路径使用的切削方法也基本相同；两种操作的开始点控制选项、进退刀选项也完全相同，都提供多种进退刀方式；其他参数选项，如切削参数选项、拐角控制选项、避让几何选项等也基本相同。

型腔铣和平面铣在定义材料和切削深度的方式上有所不同。

定义材料：平面铣使用边界来定义零件材料；型腔铣使用边界、面、曲线和实体来定义零件材料。

定义切削深度：平面铣通过指定的边界和底面的高度差来定义切削深度；型腔铣是通过毛坯几何和零件几何来共同定义切削深度，并且允许用户自定义每个切削层的深度。

3）型腔铣的练习

对图 6.1.16 进行型腔铣 UG 加工练习。

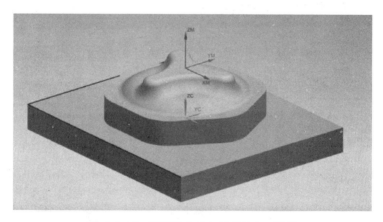

图 6.1.16 型腔铣 UG 加工练习 3D 模型

（1）在"型腔铣"对话框中，设置"指定部件"和"指定毛坯"栏，如图 6.1.17 所示。

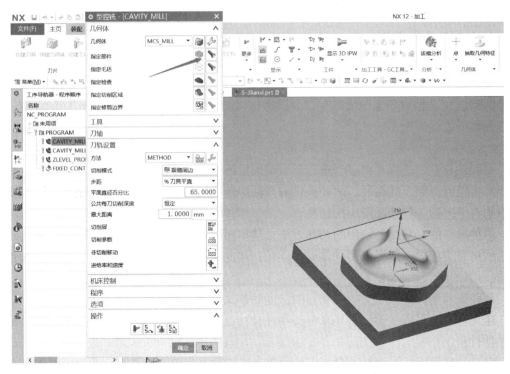

图 6.1.17 设置"指定部件"和"指定毛坯"栏

(2) 设置"切削参数"对话框中的"切削"栏如图 6.1.18 所示。

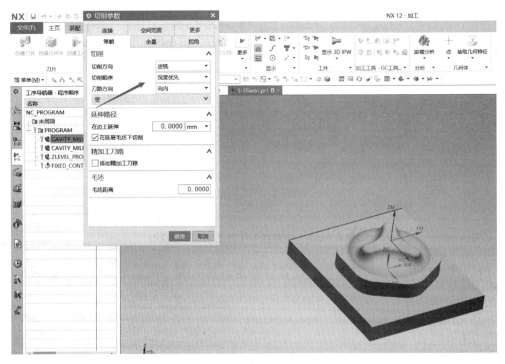

图 6.1.18 设置"切削参数"对话框中的"切削"栏

（3）设置"切削模式"下拉列表框如图 6.1.19 所示。

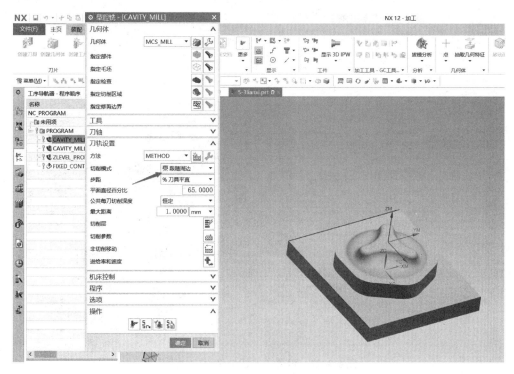

图 6.1.19　设置"切削模式"下拉列表框

（4）设置"部件侧面余量"文本框如图 6.1.20 所示。

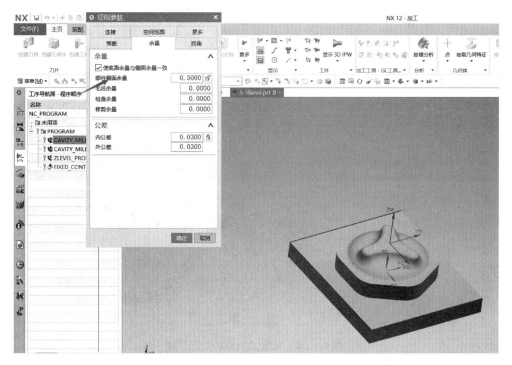

图 6.1.20　设置"部件侧面余量"文本框

（5）设置"非切削移动"对话框如图6.1.21所示。

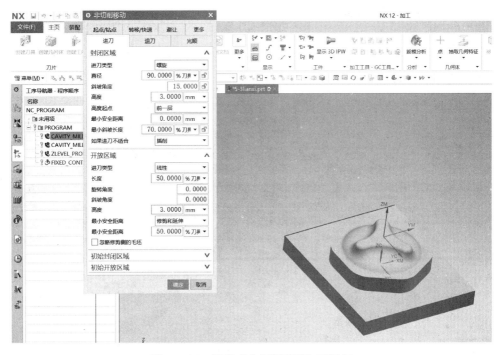

图 6.1.21 设置"非切削移动"对话框

（6）精加工中设置"型腔铣"对话框如图6.1.22所示。

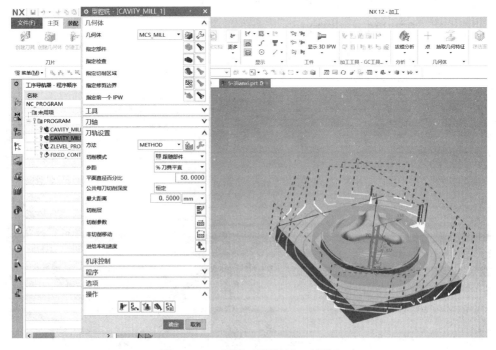

图 6.1.22 设置"型腔铣"对话框

任务二　五骏图的 UG 加工

任务导入

五骏图的模型如图 6.1.22 所示。请思考其如何加工。

图 6.1.23　五骏图的模型

知识平台

1. 加工的工艺准备

计算机辅助编程（CAM）软件选用 UG8.5，材料采用 6073 铝。

加工设备为 VMC850e；加工时间约 24 h；装夹方式采用机用平口钳；加工刀具包括 ϕ10 mm 立铣刀（平面铣粗加工）、ϕ4 mm 立铣刀（型腔铣粗加工）、ϕ4 mm 球刀（型腔铣半精加工）和 ϕ2 mm 球刀（型腔铣精加工）。

2. 编程实施

1）建模

建模的基准在浮雕平面中心。模型来自逆向的片体。逆向后的模型与提供毛坯的尺寸比较，需要将模型变成实体并进行缩放、边倒圆、加厚等操作，补全模型缺失的部分。建立最终加工的模型尺寸为 175 mm×76.5 mm×29.5 mm。

2）毛坯创建

根据轮廓建立长方体的毛坯，毛坯尺寸为 175 mm×76.5 mm×30.5 mm，并对毛坯进行透明处理。

3）模拟加工过程

（1）底面粗加工的加工要求如下。

加工部位：加工基准为工件坐标的零点设在毛坯上表面中心，用 ϕ10 mm 立铣刀加工底面的基准平面和侧面，并进行倒角，直到 Z 轴坐标为-20.5。

加工策略：型腔铣跟随周边由外到内。

加工参数：转速 2 000 r/min；每刀切削深度 1 mm，进给量 500 mm/r；

（2）底面精加工的加工要求如下。

加工部位：加工基准为工件坐标的零点设在毛坯上表面中心，用 $\phi4$ mm 立铣刀加工底面的基准平面和侧面，并进行倒角，直到 Z 轴坐标为-20.5。

加工策略：型腔铣跟随周边由外到内。

加工参数：转速 2 000 r/min；每刀切削深度 0.5 mm。

底面精加工刀轨如图 6.1.24 所示。

图 6.1.24　底面精加工刀轨

（3）翻面粗加工的加工要求如下。

加工部位：加工基准为翻面后毛坯上表面，用 $\phi10$ mm 立铣刀进行粗加工。

加工策略：型腔铣跟随周边的加工策略。加工深度为 Z 轴到达-10.5 mm。顶部距离模型零点 7.094 4 mm（模型零点就是以后精加工的对刀点）。加工方向由外到内。

加工参数：转速 2 500 r/min，进给量 500 mm/r，每刀切削深度 1 mm。

翻面粗加工刀轨如图 6.1.25 所示。

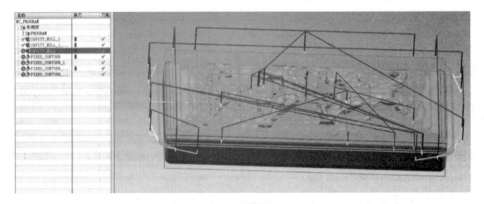

图 6.1.25　翻面粗加工刀轨

（4）轮廓半精加工的加工要求如下。

加工部位：ϕ4 mm 球刀型腔铣半精加工。

加工策略：固定型腔铣半精加工。目的是去除多余的毛坯余量，为精加工做准备。因为精加工余量太大，加工刀具易折断，所以用 ϕ4 mm 球刀。

加工参数：转速 2 500 r/min，进给量 250 mm/r，步距 0.3 mm，留 0.2 mm 精加工余量。

轮廓半精加工刀轨如图 6.1.26 所示。

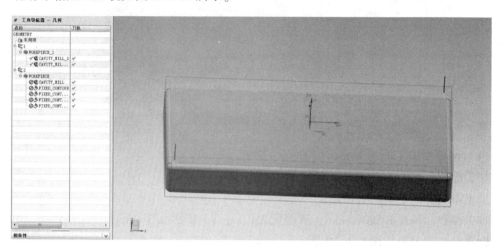

图 6.1.26　轮廓半精加工刀轨

（5）倒圆半精加工的加工要求如下。

加工部位：ϕ4 mm 球刀型腔铣半精加工。

加工策略：固定型腔铣半精加工。目的是去除多余的毛坯余量，为精加工做准备。

加工参数：转速 2 500 r/min，进给量 250 mm/r，步距 0.3 mm。

倒圆半精加工刀轨如图 6.1.27 所示。

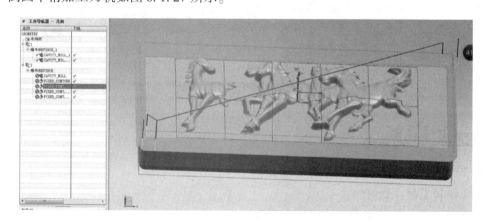

图 6.1.27　倒圆半精加工刀轨

（6）轮廓精加工的加工要求如下。

加工部位：ϕ2 mm 球刀型腔铣精加工。

加工策略：固定型腔铣精加工。

加工参数：转速 4 500 r/min，进给量 400 mm/r，步距 0.1 mm。

轮廓精加工刀轨如图 6.1.28 所示。

图 6.1.28　轮廓精加工刀轨

（7）倒圆精加工的加工要求如下。

加工部位：φ2 mm 球刀型腔铣精加工。

加工策略：固定型腔铣精加工。

加工参数：转速 2 500 r/min，进给量 250 mm/r，步距 0.3 mm。

倒圆精加工刀轨如图 6.1.29 所示。

图 6.1.29　倒圆精加工刀轨

练习与提高

1. 计算机辅助编程的主要软件有哪些？

2. UG 加工的步骤有哪些？

3. 试用 UG 软件模拟加工五骏图曲面零件。

项目二

基于 UG 软件的金元宝
建模加工

项目目标

◆掌握曲面零件金元宝的建模。
◆掌握金元宝 UG 五轴加工。

任务列表

学习任务	知识点	能力要求
任务一　零件金元宝建模分析	UG 的基本指令 如何使用"扫掠"指令 如何使用"修剪体"指令 金元宝的画法	了解 UG 的基本指令、"扫掠"指令、"修剪体"指令 掌握金元宝的建模方法
任务二　UG 软件下的金元宝模拟加工	如何使用可变轴模块 如何使用流线驱动 金元宝的五轴加工	了解 UG 可变轴模块、流线驱动 掌握金元宝的五轴加工方法及步骤

任务一　零件金元宝建模分析

任务导入

如图 6.2.1 所示，请对其中的金元宝零件进行图纸分析并给出初步建模方案。

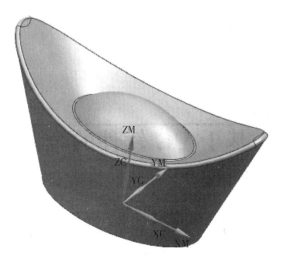

图 6.2.1　金元宝零件

知识平台

1. UG 的基本指令

1）曲面建模

（1）依据点创建曲面：依据点创建的曲面光顺性较差但是精密度高，在逆向造型过程中建议酌情使用通过现有的曲线或曲线串创建曲面。

指令举例："通过点""从极点""拟合曲面"和"四点曲面"。

（2）通过曲线创建曲面：通过现有的曲线或曲线串创建曲面，生成的曲面与曲线有关。

指令举例："直纹面""通过曲线组""通过线网格""拉伸""扫掠"和"N 边曲面"。

（3）通过曲面创建新曲面：通过现有的曲面创建新的曲面。

指令举例："修剪片体""延伸曲面""偏置曲面""过渡"和"桥接"。

了解了一般的曲面创建方法之后，还需要大致了解一下曲面建模的基本思路。在曲面建模之前，应要充分考虑产品中曲面形状的特点，分析其可能的创建方法，以便从中得到合适的曲面创建方法。对于一些外形较为复杂的实体模型，通常可以按照以下思路。先创建好相关的点、曲线等；再通过点、曲线创建所需的曲面，或者通过拉伸、旋转和扫掠等方式建立基本曲面。

2）"拉伸"指令

"拉伸"指令是在绘制矩形、不规则形状等立体模型时最常用的指令，也是整个 UG 建模中最常用的指令。"拉伸"指令能够通过绘制的二维图形拉伸一定距离，建立三维的立体模型。

3）"边倒圆"指令

若要使得一些工件的边或开口倒圆角去毛刺，那么可以通过"边倒圆"指令实现。

4）"基准平面"指令

利用"基准平面"指令可以创建基准平面，增加图形的绘制基准，方便绘制不规则模型，"基准平面"指令使用方法如图6.2.2所示。

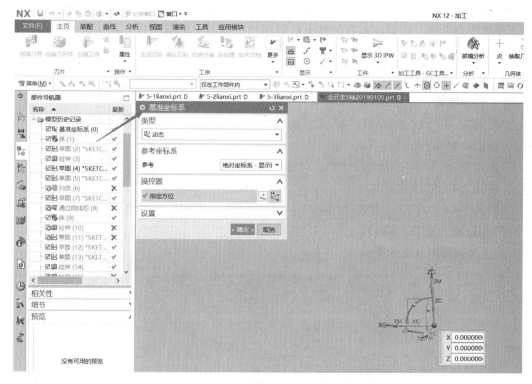

图6.2.2 "基准平面"指令使用方法

2. "扫掠"指令

1）"扫掠"指令的概念

"扫掠"指令是UG软件中的一项建模工具，是将二维图形转为三维图形的建模方法，其实现的方法是将一个二维形体对象作为沿某个路径的剖面，从而形成三维图形，在此过程中二维形体相当于一个截面，同时绘制过程中的引导线需要与二维形体平面垂直。

2）"扫掠"指令的使用

现以圆形随着曲线的扫掠为例进行说明，首先以曲线的一端点建立平面，端点与平面呈垂直状态，通过点的方式创建平面。接着在草图平面上绘制圆形。绘制完成后退出，并在UG操作界面菜单栏里单击"插入"指令，找到"扫掠"指令，然后找到"沿引导线扫掠"。单击"沿引导线扫掠"指令，弹出"沿引导线扫掠"对话框，选择要扫掠的截面和要沿着哪条引导线进行扫掠。若截面选择圆形，则引导线选择曲线，此时不需要设置偏置状态。最后单击"预览"或"显示效果"，进行预先确认，如无问题单击"确定"按钮。

3. "修剪体"指令

拿曲面来修剪实体是绘图过程中常用的编辑方式，其目的是减去不需要的特征，最终达成想要设计的效果。

在没有进入"修剪体"指令前，先用 UG 软件绘制一张曲面及一个实体。该实体用来做工具体修剪平面，单击"修剪体"指令之后，弹出"修剪体"对话框，在"目标体"选项中选择"实体"，在"工具体"选项中选择创建好的曲面，展开"修剪体"对话框，在"预览"前打钩，可以观察我们修剪后的结果，如不对可调节其方向。完成"修剪体"对话框的各指令操作后，最终得到之前曲面内特征已经全部去除的结果。

4. 金元宝的画法

1）构建椭圆

"插入"→"点"→距离"0"；"插入"→"曲线"→"椭圆"：长轴"60"（半径），短轴"35"（半径）。

"插入"→"点"→距离"60"；"插入"→"曲线"→"椭圆"：长轴"45"（半径），短轴"27.5"（半径）。

"插入"→"点"→距离"104.2"；"插入"→"曲线"→"椭圆"：长轴"100"（半径），短轴"50"（半径）。

构建椭圆如图 6.2.3 所示。

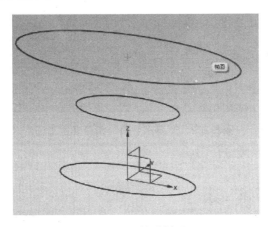

图 6.2.3　构建椭圆

2）直纹修剪

（1）直纹修剪步骤如下。

①"插入""网格曲面""直纹"，利用"截面线串"。

② 隐藏直纹面。

③ 在 X/Z 平面绘制草图（两条直线、两条圆弧）。

④ 完成草图，选单条曲线拉伸刚刚完成的草图曲线。

⑤ 修剪体。

⑥ 删除体。

（2）注意事项如下。

① 建模时勾选"在相交处停止"和"象限点捕捉"选项。

② $R188$ 和 $R55$ 圆弧曲线用鼠标中键可以快捷建立。

③ 片体的选择在"截面线串2"选项组设置里。

④ 需要时可以单击"反向"按钮。

⑤ 可以进行预览，预览满意后单击"确认"按钮。

⑥ "直纹"指令不能用于面的特征。直纹建模及修剪如图6.2.4所示。

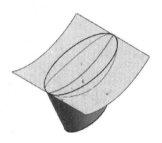

图6.2.4　直纹建模及修剪

3）片体建模

片体建模方法如下。

（1）单击"扫掠"指令，分别选修剪后的直纹面边缘和中间的椭圆为截面，以草绘的两条直线为引导线，扫掠出片体。

（2）通过曲线组创建曲面是指通过多个截面创建片体。

（3）抽取几何特征形成复合曲线，通过"直纹"指令与中间椭圆形成片体，扫掠片体如图6.2.5所示。

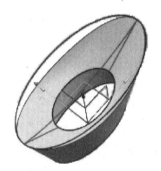

图6.2.5　扫掠片体

4）构造椭圆平面

创建点"插入"→点高度"Z80"；"插入"→"曲线"→椭圆"Z60"；隐藏中间椭圆；中间再画椭圆，长轴"45"（半径），短轴"27.5"（半径）。

选择中间椭圆的象限点为起点和终点，以刚刚创建的点为中点创建圆弧。采用填充曲面方法即通过曲线进行曲面拟合，具体操作如下。

首先"插入"→"网格曲面"→"通过曲线组"，然后先选择椭圆半弧，再选择上端圆弧，最后选择椭圆另一半圆弧，拟合椭圆平面如图6.2.6所示。

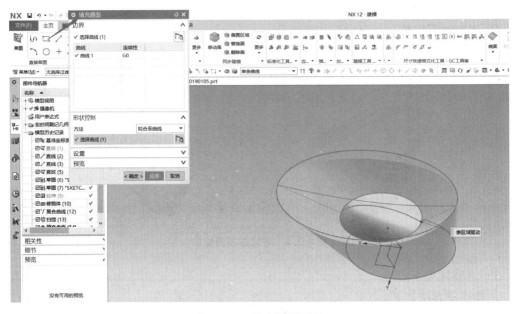

图6.2.6 拟合椭圆平面

5）底面缝合

单击"有界平面"指令，在底部创建平面，使整个曲面封死。有界平面如图6.2.7所示。

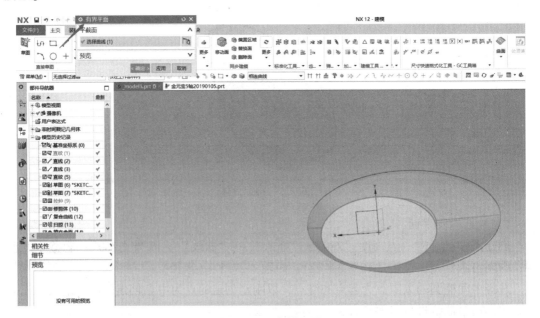

图6.2.7 有界平面

使用"缝合"指令，缝合全部片体，使之成为实体，且只显示缝合后的实体，如图6.2.8所示。

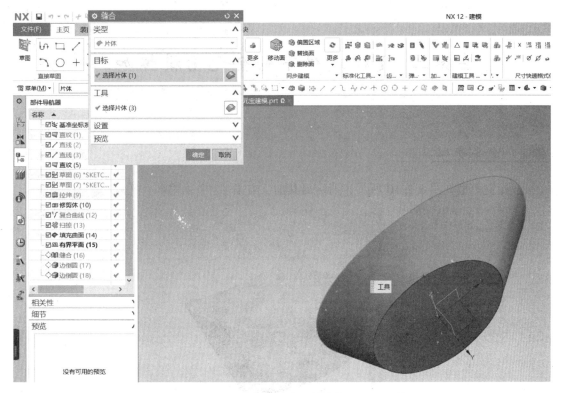

图 6.2.8 缝合后的实体

单击"边倒圆"指令，在实体底部倒 $R0.5$ 的圆角，在实体顶部倒 $R2$ 的圆角，并单击"编辑对象显示"指令对实体更换颜色，最终效果如图 6.2.9 所示。

图 6.2.9 最终效果

任务二 UG软件下的金元宝模拟加工

金元宝模型如图 6.2.10 所示，请给出其加工方案。

图 6.2.10 金元宝模型

知识平台

1. 具有五轴功能的机床

具有五轴功能的机床加工应用范围及其特点如下。

（1）可有效避免刀具干涉。

（2）对于直纹面类零件，可采用"侧铣"方式一刀成型。

（3）对一般立体型面特别是较为平坦的大型表面，可用大直径面铣刀端面贴近表面进行加工。

（4）可通过一次装夹对工件上的多个空间表面进行多工序加工。

（5）具有五轴功能的机床加工时，刀具相对于工件表面可处于最有效的切削状态。零件表面上的误差分布均匀。

（6）在某些加工场合，可采用较大尺寸的刀具避开干涉进行加工。

2. 可变轮廓铣

可变轮廓铣用于比固定轮廓铣所加工对象更为复杂的零件的半精加工和精加工。

可变轮廓铣的加工原理与固定轮廓铣的加工原理大致相同，都需要指定驱动几何体。数控系统将驱动几何体上的驱动点沿投影方向投影到零件几何体上形成刀轨。不同的是，可变轮廓铣增加了对刀轴方向的控制，可以加工比固定轮廓铣所加工的对象更为复杂的零件。

基础可变轮廓铣用于对具有各种驱动方法、空间范围、切削模式和刀轴的部件或切削区域进行轮廓铣，其一般加工流程如下。

（1）指定部件几何体。

（2）指定驱动方法。

（3）指定合适的可变刀轴。

3. 具有五轴功能机床的程序格式

（1）程序头需要修改的部分。以下程序段可以作为后处理生成的程序头。

M20

M24

T2 M6

D1

G0 G90 G56

Z160

X0 Y0

TRAORI

G0 G56 G90

Z160

以下程序段也是要用于程序中的。

FFWON

SOFT

G645

COMPCAD

S6800 M3

G0 X0 Y94.633 Z-42.666

G1 X-9.525 Z-23.663 F3 000

Y89.633

Y45.03 F500

X9.525 F1 000

Y94.633 F3 000

（2）程序尾需要修改的部分。以下所有程序段作为程序尾替换别的程序尾。

TRAFOOF

TRANS

SUPA G0 Z0 D0

SUPA A0C = DC（0）

D1

M9

M5

G0 G90

M21

M25

RET

4. 金元宝的模拟加工

（1）型腔铣粗加工侧面如图 6.2.11 所示。

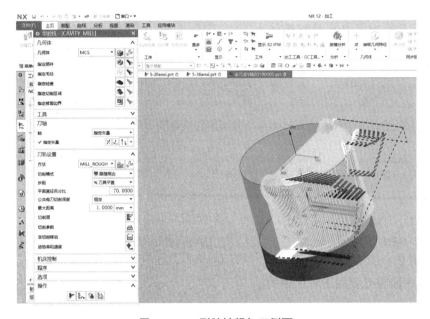

图 6.2.11　型腔铣粗加工侧面

（2）型腔铣粗加工上表面如图 6.2.12 所示。

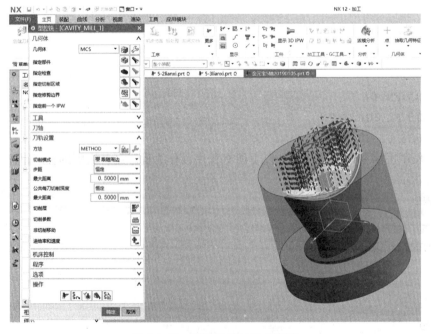

图 6.2.12　型腔铣粗加工上表面

（3）固定轮廓铣半精加工上表面如图 6.2.13 所示。

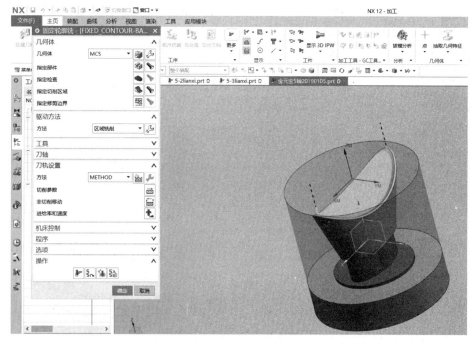

图 6.2.13　固定轮廓铣半精加工上表面

（4）可变轮廓铣加工上圆角如图 6.2.14 所示。

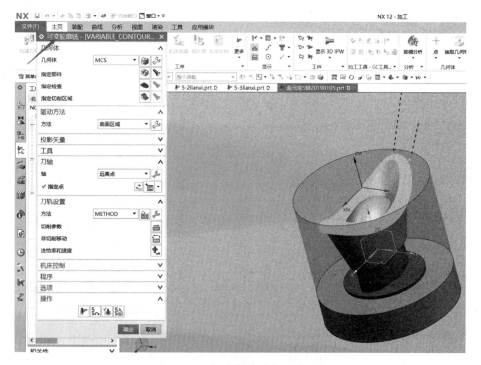

图 6.2.14　可变轮廓铣加工上圆角

（5）可变轮廓铣半精加工侧面如图 6.2.15 所示。

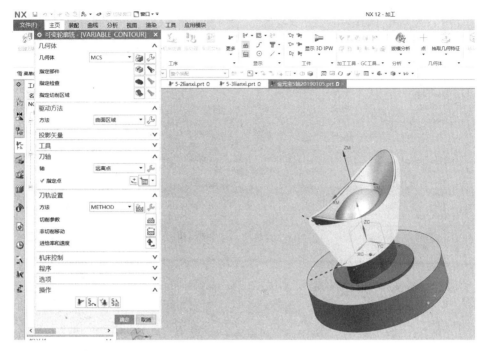

图 6.2.15　可变轮廓铣半精加工侧面

（6）固定轮廓铣精加工上表面如图 6.2.16 所示。

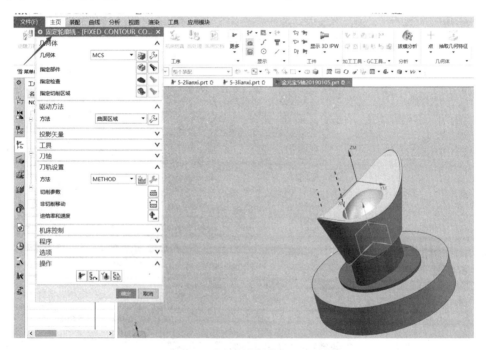

图 6.2.16　固定轮廓铣精加工上表面

（7）可变轮廓铣精加工上圆角及侧面如图 6.2.17 所示。

图 6.2.17　可变轮廓铣精加工上圆角及侧面

练习与提高

1. 请用 UG 软件进行金元宝零件的建模。
2. 请用 UG 软件进行金元宝零件的模拟加工。

模块七

智能生产单元测量系统搭建

项 目

智能生产单元测量系统搭建

项目目标

◆ 了解智能机床自动测量装置的基本构成及适用范围。
◆ 了解叶轮加工单元测量系统搭建。
◆ 掌握工件测头在西门子机床的基本标定及测量方法。
◆ 掌握刀具测头在 i5 智能机床上的基本标定及测量方法。

任务列表

学习任务	知识点	能力要求
任务一 智能机床的自动测量系统认知	对刀仪的基本原理 安装方法 标定方法	了解智能测量的智能测量概念、原理
任务二 叶轮加工单元工件测量系统搭建	叶轮加工单元工件测量系统组成 叶轮加工单元工件测量编程	掌握叶轮加工单元工件测量系统及工件测量编程
任务三 压盖加工单元及刀具测量系统搭建	压盖加工单元刀具测量系统组成 i5 智能车床的刀具检测 刀组管理及刀具寿命的使用	掌握 i5 智能机床刀具寿命的编程指令

任务一　智能机床的自动测量系统认知

任务导入

请思考智能机床的工件和刀具如何进行监控。

 知识平台

1. 智能机床的自动测量系统

智能机床是对制造过程能够做出判断和决定的机床，是先进制造技术、信息技术和智能技术的集成与深度融合的产物，是数控机床发展的高级形态。智能机床了解到制造的整个过程后，能够监控、诊断和修正在生产过程中出现的各类偏差，并且能为生产的最优化提供方案。此外，智能机床还能计算出所使用的切削刀具、主轴、轴承和导轨的剩余寿命，让使用者清楚其剩余使用时间和替换时间。智能机床的出现，为未来装备制造业实现全盘生产自动化创造了条件。监控、诊断和修正在生产过程中出现的各类偏差主要依靠自动测量系统。自动测量系统一般包括工件测量仪，如机内测头、对刀仪，以及信号接收装置等，是机床智能化不可或缺的重要部件。

在智能自动单元加工工序检测中为避免二次装夹，产生超差、误差的问题，需要在加工的工序中进行工件在机检测。根据自动线加工实现减少人力的目的，自动线加工需要对刀具磨损量进行自动测量，并在更换刀片后进行刀具补偿自动修正，这需要在自动线机床上设置刀具测头。但是机内测头受机床本身的运动误差影响较大，一般数控机床的精度在IT6，其与三坐标测量仪的精度有一定的差距。

工件测头和刀具测头一般价值较高，使用方法需要进行编制宏程序，只有专业人员才可以掌握并使用。西门子系统以及 i5 智能机床的自动测量系统通过人机对话画面可以轻松实现快速自动测量功能。

2. 工件测量系统原理

工件测量系统中的工件测头主要用来找正工件并测量工件的加工精度，可以测量以下方面。

（1）测量平面最高及最低点。

（2）测量角度。

（3）仅测量一点。

（4）测量凸台。

（5）测量外圆。

（6）测量内孔。

工件测头测量前需要对工件测头进行标定，标定一般要用标准的环规。先用百分表找正环规的中心，把 X、Y、Z 的数值输入 G54 或 G55 ~ G59 工件坐标系里。

3. 刀具测量系统原理

刀具测量系统中的刀具测头主要用来进行刀具找正，并可对刀具进行破损检测。对刀仪在对刀具进行测量时，是用球型测针接触被测刀具的测量部位，此时刀具测头发出触测信号，该信号进入计数系统后，将此刻的光栅计数器锁存并送入计算机，工作中的测量软件就收到一个由 X、Y、Z 坐标表示的点。这个坐标点可以理解为是测针球中心的坐标，它与真正需要的接触点相差一个测针球半径。为了准确计算出所要的接触点坐标，必须通过测头校正得到测针球的半径。

练习与提高

1. 请简述在机测量在智能机床中的作用。
2. 工件测量系统可以测量哪些位置？
3. 请简述工件测量系统的原理。
4. 请简述刀具测量系统的原理。

任务二　叶轮加工单元工件测量系统搭建

任务导入

请思考叶轮加工单元如何实现对加工零件的智能检测。

知识平台

1. 叶轮加工单元工件测量系统介绍

叶轮加工单元工件测量系统是以叶轮为加工载体的自动化加工单元的重要组成部分。首先，叶轮加工单元工件测量系统包含一套 A2.3 桁架自动上下料系统和一套 A6.3 柔性自动上下料系统，二者由一台积放式料仓连接，实现叶轮的三序加工。其次，叶轮加工单元工件测量系统还包含 AGV、立体库组成的物流系统，以及 MES。最后，叶轮加工单元工件测量系统的核心加工设备分别是采用西门子 828D 系统的 T2C 数控车削中心两台和西门子 840D 系统的 VMC0656e 五轴加工中心。利用 A2.3 桁架自动上下料系统可实现两台机床之间的零件搬运、翻面。利用 ABB 机器人实现车削中心与五轴加工中心之间的零件搬运。

加工工艺为：使用 828D 系统的 T2C 数控车削中心加工出外圆和端面的粗基准（OP10）；同样使用 T2C 数控车削中心加工出端面的精基准，以及叶轮包覆面的粗加工（OP20）；使用 840D 系统的 VMC0656e 五轴加工中心进行叶轮外轮廓曲面的粗、半精、精加工（OP30）。

针对加工中刀具、刀片需要自动检测的问题，在 OP20、OP30 的 T2C 和 VMC0656e 机床上设置了刀具测头。为解决加工工序中精度测量问题，在 OP20、OP30 的 T2C 和 VMC0656e 机床配置了工件测头通过刀具和工件的在机检测平台搭建并形成了叶轮加工单元工件测量系统，如图 7.1.1 所示。

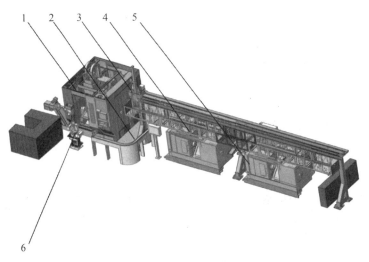

1—VMC0656e 五轴加工中心及工件、刀具测头；2—中转料库；3—桁架机器人；
4—TS25 工件测头和 TC72 刀具测头；5—T2C 数控车削中心；6—ABB 机器人。

图 7.1.1　叶轮加工单元工件测量系统

2. 工件测头的安装及使用

OP20 加工前需要检测 Z 坐标基准零点偏移量，若加工时叶轮毛坯定位不准确，导致部分叶轮加工在最后精加工时 OP30 的基准不一致。利用西门子专用循环测头系统可以方便地进行自动测量，从而纠正叶轮由于装夹等原因导致的叶轮毛坯定位面偏差。工件测头组成如图 7.1.2 所示。

可拆卸

陶瓷测头

图 7.1.2　工件测头组成

工件测头由陶瓷测头和接收组件组成，测量所得的工件位置通过红外接收器接收并送入 CNC 系统。陶瓷测头紧固在工件测头的安装座中，靠顶丝夹紧，陶瓷测杆是可拆卸的。

3. 工件测头初始化和工件测头标定调试

工件测头初始化程序为"mpl_ini.spf;"，在该程序内输入工件测头的特定数据，如测针球的直径值等。工件测头使用 M26 指令开启，开启后工件测头闪烁；使用 M27 指令关闭，关闭后工件测头停止闪烁；在加工测量中工件测头闪烁表示工件测头硬件正常。

进行工件测量前，必须执行 X 轴和 Z 轴方向上的标定操作，以确定工件测头被触发的偏移量，否则测量数据不正确。需要用标准圆柱，对 X、Z 进行标定，已标准圆柱为基准进行标定。校正前要将测头粗对刀，在对刀画面对 T6 对刀，并用 MDA 或手动方式进行验证，X、Z 轴标定循环画面如图 7.1.3 所示。

（1）N_T：工件测头号（用于多工件测头或是同一工件测头不同的校准方式），最多可以控制 4 个工件测头或者是 4 种校准方式。

（2）T_M：标定模式（内部还是外部），外部=1；内部=-1。

（3）Z_S：安全距离，Z 轴快速移动至该位置。

（4）Z_M：Z 轴标定位置。

（5）D_S：安全距离，X 轴快速移动至该位置。

（6）D_M：X 轴标定位置。

（7）ZSV：在 X 轴方向上第一次触发后，Z 轴方向上的跳过位置。

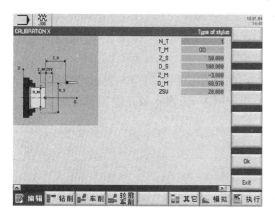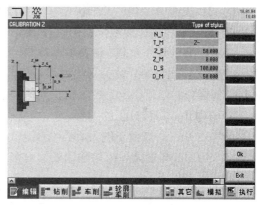

图 7.1.3 X、Z 轴标定循环画面

用自车的 φ60.97 mm 圆柱做标准圆柱对工件测头进行校正，标定程序如下。

```
T6 D1 G54
MPL_ CALX (1, 1, 50, 100, -3.8, 60.97, 20)
MPL_ CALZ (1, -1, 50, 0, 100, 50)
M30
```

4. 工件测头的测量编程

通过 Z 轴检测程序实例说明工件自动修正。

MPL_ Z (1, -1, 30, 0, 90, 50, 0, 1, 0, 0, "ABC") 测量结果以文本格式存在系统的 ABC 零件文件中，可以在 828D 系统中阅读。测量误差值也可通过 GUD 参数画面，查询专用变量 MAR_ A (1) 和 MAR_ B (2)，Z 轴测量画面如图 7.1.4 所示。西门子测量专用循环需设定以下参数即可自动生成测量循环，其具体参数说明如下。

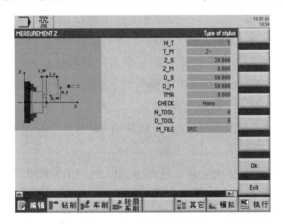

图7.1.4 Z轴测量画面

N_T：工件测头号。

T_M：测量模式（选择Z轴测量方向），Z+表示正方向测量，Z–表示负方向测量。

Z_S：安全距离，Z轴快速移动至该位置。

Z_M：Z轴方向上，工件测头测量的接触位置。

D_S：安全直径值，X轴快速移动至该位置。

D_M：工件测头接触位置的直径值。

TMA：测量允许误差，0表示不检测。

CHECK：测量结果数据对当前所选刀具所进行的操作，CHECK=1表示对所选刀具不进行任何操作；CHECK=2表示校正几何补偿值；CHECK=3表示校正磨损补偿值。

N_TOOL：需被校正的刀号。

D_TOOL：需被校正的刀补号。

M_FILE：测量循环结果输出的文件名。

编程示例如下。

```
$P_UIFR[1, Z, TR] =0；G54坐标系Z清零
T6D1
G94
MPL_Z (1, -1, 30, 0, 90, 50, 0, 1, 0, 0, "ABC")
AAA:
$P_UIFR[2, Z, TR] = $P_UIFR[2, Z, TR] +MAR_ERR+0；计算偏差对
坐标系修正
```

5. 工件测头的硬件安装

1）红外接收器安装方法

按照工件测头说明书要求以及红外接收器不同颜色线的功能，将其连接到机床电气柜。

2）工件测头安装方法

（1）将工件测头装入刀柄中。

（2）将球型测针装入工件测头中。

（3）将工件测头装入机床主轴（加工中心）或刀架上（车床），并调整球型测针偏移量（要求 0.01 mm 以内）。

3）工件测头调试

（1）工件测头开启和关闭信号测试。M26 指令表示工件测头开启；M27 指令表示工件测头关闭。

注意：工件测头开启后闪绿灯即正常，如不闪绿灯即开启信号有错误。工件测头关闭后，若灯灭则正常，出现其他情况则关闭信号有错误。

（2）工件测头传输信号测试方法如下。

① 在 MDI 方式下打开工件测头（M26）。

② 手动触碰工件测头，观察检测信号是否有变化。

不同厂家工件测头的测量原理都是一样的，在 828D 系统中利用工件测头厂家与西门子数控系统定制的用户循环进行尺寸和位置测量对比宏程序编程是非常方便和直观的。

练习与提高

1. 请简述叶轮加工单元的组成以及在机测量仪器的位置和作用。

2. 请编制叶轮加工 OP20 西门子 828D 系统工件测头的 Z 轴校验程序在机测量图纸如图 7.1.5 所示。

3. 请编制叶轮加工 OP20 西门子 828D 系统工件测头对 Z 轴基面的测量程序在机测量图纸如图 7.1.5 所示。

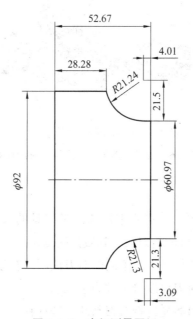

图 7.1.5　在机测量图纸

4. 请简述工件测头的安装调试流程。

任务三　压盖加工单元及刀具测量系统搭建

任务导入

请思考智能机床的刀具如何进行监控。

知识平台

1. 压盖加工单元及刀具测量系统搭配

柔性加工单元为压盖类产品的加工线。其自动线由一台卧式车床，一台立式车床，一台高速立式加工中心，一台三坐标测量仪和两套机器人自动搬运系统组成，辅以零件类型识别设备立体库、刀具库，以及 MES 等。同时整个压盖加工单元的加工效率和加工质量满足了自动化生产的需求。其中卧式车床和高速立式加工中心配有对刀仪，可以对刀具状态进行监测，轴承压盖加工单元及刀具测量系统如图 7.1.6 所示。

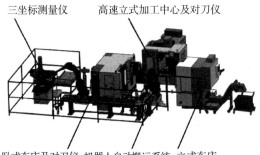

图 7.1.6　轴承压盖加工单元及刀具测量系统

2. 对刀仪的简介和分类

对刀仪（有的也叫对刀测头）可用来快速测量刀具的长度和直径（有的只能测量刀具长度，简称刀长），一般也可做断刀或刀具破损检测。

机内对刀仪有接触式和非接触式。不同的对刀仪调试有很大差别，形式多种多样，精度有高有低。目前所采用的对刀仪以接触式为主。

接触式对刀仪一般是发出激光进行对刀判断，其具有一个发射端和一个接收端，当刀具触碰到激光时，接收端由于接收不到光，内部会发出一个信号，系统根据此信号进行后续操作。非接触式对刀仪调整时，需要校正射线，保证光线的强度和偏差。非接触式对刀仪如图 7.1.7 所示。

图 7.1.7 非接触式对刀仪

对刀仪的主要部件是高硬度、高耐磨的硬质合金，包括四面体形状的探头和信号传输接口器，以及即插式测量臂。这些部件与机床数控系统配合使用，核心部件是高精度的四面体探头，其作用为与刀具的刀位点进行接触时，传感器发出信号，同时该信号通过挠性支撑杆、高精度开关和信号传输接口器传输到数控系统，数控系统根据此信号进行刀具刀位点的方向识别、运算、补偿、寄存等工作。对于安装了对刀仪的机床，对刀仪的探头的安装位置是固定的。应用时需要精确确定探头在机床坐标系上的位置坐标值，并通过参数设定的方法把探头的位置坐标值输入数控系统。加工过程中数控系统通过工件坐标系和探头位置坐标值之间的数据换算，计算出刀位点的机床坐标值。

当对刀仪的安装位置（与机床和对刀仪的规格有关）确定后，对刀仪的工作原理如下。

（1）数控机床的各个移动轴返回各自的机床坐标系原点之后，在机床坐标系中对刀仪的位置坐标值是固定的。

（2）刀具沿所选定的某个轴移动到探头传感器所在位置，当刀位点触及探头传感器的瞬间，传感器发出信号，并把此信号发送到数控系统，数控系统把此信号作为高级信号来处理，极为迅速、准确地控制该轴伺服机构停止运动。

3. 刀具寿命的概念

刀具寿命是指由刃磨后开始切削，一直到磨损量达到刀具的磨钝标准，所经过的净切削时间。以径向磨损量 NB 作为磨钝标准所确定的寿命称为尺寸寿命。

影响刀具刀片寿命的原因有切削热、摩擦和切削抗力，这三者随着切削速度的增加而加剧得最为强烈。

（1）切削速度与刀具寿命的关系。当工件、刀具材料和刀具几何形状确定后，切削速度对刀具寿命的影响最大。目前，用理论分析的方法导出切削速度与刀具寿命之间的数学关系与实际情况不尽相符，故一般用实验来建立其关系，该关系式为

$$V_C^m T = C_0$$

式中：T 为刀具寿命，单位为 min；m 为指数，表示 V_c 对 T 的影响程度；C_0 为系数，与刀具、工件材料和切削条件有关。

（2）进给量、切削深度与刀具寿命的关系。切削时，增加进给量和切削深度，刀具寿命将会降低。

（3）切削深度（a_p）增加 50%，刀片磨损增加 20%。进给量（f）增加 20%，刀片磨损增加 20%；切削速度（v_c）增加 20%，刀片磨损增加 50%。切削曲线如图 7.1.8 所示。（图中横坐标切削深度、进给量、切削速度对应，因单位不统一故此处不进行标注）

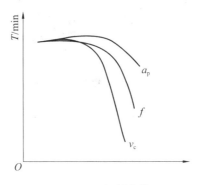

图 7.1.8　切削曲线

4. 对刀仪探头的标定

1）快捷标定

对刀仪测量刀具时用到的探头必须要进行标定（校正），即用已经试切测量好的刀具为基准来校正对刀仪探头的位置。快捷标定即通过手动操作实现探头的标定，如图 7.1.9 所示。

图 7.1.9　快捷标定

2）页面介绍

单击自动刀具测量页面右下角的"探头校正"按钮，即进入探头校正页面。探头校正页面包括机床运行状态区、刀具信息区、示意图区、校正信息区、方向选择区 5 个部分，如图 7.1.10 所示。

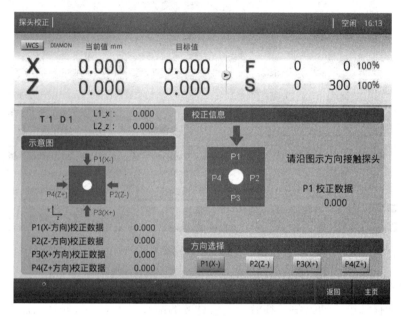

图 7.1.10　探头校正页面

探头校正页面内容具体说明如下。

（1）机床运行状态区：与系统主页面的显示完全相同。

（2）刀具信息区：显示用于校正刀具的刀具号、刀具补偿号，以及两个方向的刀长值。

（3）示意图区：显示校正参数示意图，同时显示 4 个方向的校正数据。

（4）校正信息区：该区左侧的箭头与方块提示用户当前的测量状态下刀具应该从哪个方向接触探头；右侧显示文字提示信息，以及当前正在测量的校正数据。

（5）方向选择区：选择 4 个方向中的一个进行校正。

3）操作步骤

操作步骤如下。

（1）切换用于探头校正的刀具，确定该刀具的准确刀长值已写入刀具偏置表中，并将车床对刀臂置于测量工位。

（2）进入刀具测量页面，检查刀沿号是否设置为准确刀长值的刀沿号，若不是则进行修改，刀具测量页面如图 7.1.11 所示。

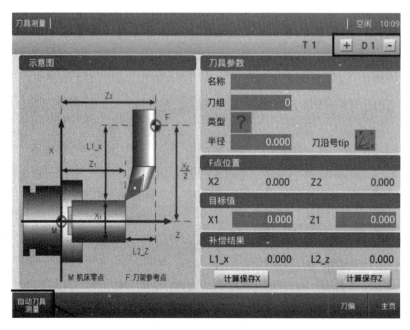

图 7.1.11　刀具测量页面

（3）进入探头校正页面，选择需要校正的方向。

（4）手动移动进给轴，使刀具沿校正信息区的箭头提示方向接触探头。

（5）按下操作面板上的循环启动键，则校正程序开始执行。校正程序执行结束后，测得的数据将被写入相应的校正数据中。

4）探头校正说明

必须已知用于校正的刀具的准确刀长数据，并且该数据已写入刀具偏置表中。校正时的刀具补偿号为页面中设置的刀具补偿号，并非系统当前激活的刀具补偿号。在快捷自动测量功能中，测量刀具时必须要对用到的探头方向进行校正，没有用到的探头方向并非必须要校正。

也可以使用 TTM_ CAL（TYP）循环指令进行自动校正，TYP 为校正方向。该循环的具体说明如下。

① 该循环用来校正机床对刀仪探头的准确坐标位置，因此需要一把已知刀长的刀具作为校正工具，并且刀具的准确刀长值已写入刀具偏置表中。

② 数控系统中必须已经设定了探头四个方向的校正数据（可以是粗略值）。

③ 该循环可以执行单一方向的校正（TYP = 1，2），也可以执行两个方向的校正（TYP = 3）。

④ 使用该循环时，刀具的刀尖应该靠近探头，且距离不应大于探头方块的边长。

⑤ 必须在刀具偏置表中正确设置校正刀具的刀沿号。

⑥ 循环执行前须将刀具移动至安全区域，安全区域如图 7.1.12 所示。安全距离 SD 可以在系统中进行设置，默认值为 10。

⑦ 请勿使用 5 号刀沿的刀具执行 $Z+$ 方向的校正。若需校正 $Z+$ 方向可使用 1 号或 4 号

刀沿的刀具，也可以使用探头校正（手动模式）循环，还可以使用快捷自动测量功能。

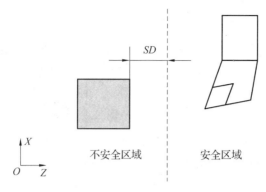

图 7.1.12　安全区域

5）手动编程探头校正

编程格式如下。

TTM_ CAL (TYP)

其中 TYP 为参数，校正的方向由 TYP 的值控制，当 TYP = 1 时，只执行 $X-$ 方向校正；当 TYP = 2 时，只执行 $Z-$ 方向校正；当 TYP = 3 时，只执行 $X+$ 方向校正；当 TYP = 4 时，只执行 $Z+$ 方向校正。刀具方向如图 7.1.13 所示。

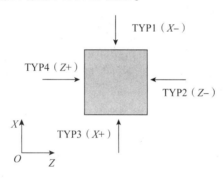

图 7.1.13　刀具方向

程序示例如下。

N10 T1 D1　　　　　　　　切换校正用刀，激活对应于准确刀长值的刀具补偿号

N20 TTM_ CAL (2)　　　　执行 $Z-$ 方向的探头校正

N30 M02　　　　　　　　　程序结束

6）自动编程探头校正

编程格式如下。

TTM_ ACAL (TYP, OFZ)

其中 TYP 为参数校正的方向由 TYP 的值控制，当 TYP = 1 时，只执行 X 方向校正；当 TYP = 2 时，只执行 Z 方向校正；当 TYP = 3 时，先执行 X 方向校正，再执行 Z 方向校正。

仅当 TYP = 3 时，OFZ 表示偏移 X 方向的距离，以便于执行 Z 方向的校正，其他条件下 OFZ = 0。Z 方向校正如图 7.1.14 所示。

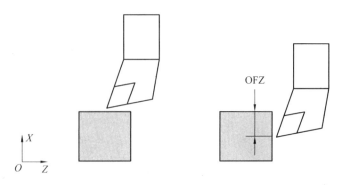

图 7.1.14　Z 方向校正

程序示例如下。

N10 T1 D1 　　　　　　　　　切换校正用刀，激活对应于准确刀长值的刀具补偿号
N20 TTM_ ACAL (2,5) 　　　执行 Z-方向的探头校正，X 方向退回距离是 5 mm
N30 M02 　　　　　　　　　　程序结束

5. 自动刀具测量功能

自动刀具测量功能可以通过两种方式来实现，即快捷自动测量功能与自动测量循环编程。快捷自动测量功能是通过系统界面执行自动刀具测量的功能。用户通过界面的操作就可以直观便捷地实现对刀仪的校正和刀具测量，无须编制数控程序。自动测量循环编程是通过编制数控程序来执行自动刀具测量，可以使刀具测量的过程变得更加灵活，更加自动化。需要说明的是，快捷自动测量功能与自动测量循环编程是通用的，即用快捷自动测量功能执行校正后可以用自动测量循环编程进行测量，用自动测量循环编程执行校正后也可以用快捷自动测量功能进行测量。

1）快捷自动测量功能

在系统的刀具测量页面单击"自动测量"按钮即可进入自动刀具测量页面，同时用于自动测量刀具的刀具补偿号需在刀具测量页面进行设置，进入自动刀具测量页面后将无法进行设置。

如图 7.1.15 所示，自动刀具测量页面包括机床运行状态区、刀具信息区、示意图区、测量信息区、方向选择区 5 个部分。

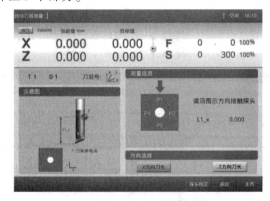

图 7.1.15　自动刀具测量页面

自动刀具测量页面内容具体说明如下。

（1）机床运行状态区：与探头校正页面的显示完全相同。

（2）刀具信息区：显示当前测量刀具的刀具号、刀具补偿号和刀沿号。

（3）示意图区：X方向刀长或Z方向刀长的示意图。

（4）测量信息区：左侧的箭头与方块提示用户当前的测量状态下刀具应该从哪个方向接触探头，右侧显示文字提示信息，以及当前正在测量的刀具长度参数值。

（5）方向选择区：根据需要选择测量X方向刀长还是Z方向刀长。

2）操作步骤

操作步骤如下。

（1）切换需要测量的刀具，并将车床对刀臂置于测量工位。

（2）进入刀具测量页面，核对刀具补偿号和刀沿号是否正确，若不正确则进行修改。

（3）进入自动刀具测量页面，选择刀长的测量方向。

（4）手动移动进给轴，使刀具沿测量信息区的箭头提示方向接触探头，此时操作面板上的循环启动键常亮，测量信息如图7.1.16所示。

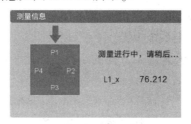

图7.1.16　测量信息

（5）按下操作面板上的循环启动键，测量程序开始执行。测量结束后，测得的刀长数据将被写入刀具偏置表中。测量结果如图7.1.17所示。

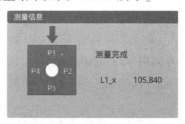

图7.1.17　测量结果

3）自动刀具测量说明

（1）该循环用来测量刀具X方向和Z方向的刀长或刀具磨损量，要求对刀仪探头4个方向的校正必须已经完成。

（2）被测刀具X方向和Z方向的刀长值须写入刀具偏置表中（可以是粗略值）。

（3）循环执行前须将刀具移动至安全区域，安全区域的范围如图7.1.12所示。安全距离SD可以在系统中进行设置，默认值为10。

（4）测得的刀长或刀具磨损数据将被保存到对应于当前激活的刀具补偿号的刀具偏置参数中。

（5）请勿使用 5 号刀沿的刀具执行 Z 方向刀长测量。若需测量，可使用 1 号或 4 号刀沿的刀具测量，也可以使用快捷自动测量功能。

（6）被测刀具的刀具补偿号为测量页面中设置的刀具补偿号，并非数控系统当前激活的刀具补偿号。

（7）刀具的刀沿号决定了系统给出的测量箭头提示方向，故请正确设置刀具的刀沿号。

4）手动编程测量

编程格式如下。

TTM_ PRES (TYP, TOLL, OFZ)

其中 TYP 为参数，校正的方向由 TYP 的值控制，当 TYP = 1 时，只执行 X 方向刀长测量；当 TYP = 2 时，只执行 Z 方向刀长测量；当 TYP = 3 时，先执行 X 方向测量，再执行 Z 方向测量。

TOLL 为测量的公差设定值。若 TOLL 设定为 0，则测得的刀长数据直接写入刀具偏置表的刀长参数中；若 TOLL 设定不为 0，则测得的刀长数据会与刀具偏置表的刀长参数进行比较，若偏差没有超过 TOLL 的设定值，则将偏差值写入刀具偏置表的刀具磨损参数，若偏差超过 TOLL 的设定置，则系统报警。

仅当 TYP = 3 时，OFZ 表示偏移 X 方向的距离，以便于执行 Z 方向的测量，其他条件下 OFZ = 0。

程序示例如下。

```
N10 T1 D1              切换被测刀具，激活对应于需测刀长值的刀具补偿号
N20 TTM_ PRES (1, 0, 0)   只执行 X 方向刀长测量
N30 M02               程序结束
```

5）自动编程测量

编程格式如下。

TTM_ APRES (TYP, TOLL, OFZ)

其中 TYP 为参数，校正的方向由 TYP 的值控制，当 TYP = 1 时，只执行 X 方向刀长测量；当 TYP = 2 时，只执行 Z 方向刀长测量；当 TYP = 3 时，先执行 X 方向测量，再执行 Z 方向测量。

TOLL 为测量的公差设定值。若 TOLL 设定为 0，则测得的刀长数据直接写入刀具偏置表的刀长参数中；若 TOLL 设定不为 0，则测得的刀长数据会与刀具偏置表的刀长参数进行比较，若偏差没有超过 TOLL 的设定值，则将偏差值写入刀具偏置表的刀具磨损参数，若偏差超过 TOLL 的设定值，则系统报警。

仅当 TYP = 3 时，OFZ 表示偏移 X 方向的距离，以便于执行 Z 方向的测量，其他条件下 OFZ = 0。

程序示例如下。

```
N10 T1 D1              切换被测刀具，激活对应于需测刀长值的刀具补
                      偿号
N20 TTM_ APRES (2, 0.8, 0)   执行 Z 方向刀具磨损测量，若磨损超过 0.8，则
```

```
                                系统报警
N30 M02                         程序结束
```

6. 刀具寿命管理设置及编程的一般流程

刀具寿命管理在现代数字化智能化加工单元中有着广泛的应用，是智能化加工的重要标志。其设置及编程的一般流程如下。

（1）打开刀具寿命管理功能页面并选择刀具寿命计算方式。

（2）在刀偏页面的刀具寿命下设置刀具理论寿命并清空实际寿命。

（3）在程序中输入“TLIFE”（加工中心输入“TLIFE_ M”）。

（4）程序结尾必须是 M30、M02 或 M90。

（5）当刀具到达寿命时，系统出现提示：“刀具已达到使用寿命”。

刀具寿命管理注意事项如下。

（1）刀具到达寿命时可以设置“姊妹刀”（刀组），方便自动加工。

（2）刀具寿命受实际切削条件限制，不同加工条件寿命具有很大的区别，刀具寿命管理可以提高工件的加工质量。

（3）刀具寿命可依据对刀仪测量的数据进行比对，也可根据工件三坐标测量的尺寸精度、几何精度，以及表面粗糙度进行判断。

（4）在刀偏页面将所用刀具设置为相同刀组（前提为类型和刀沿都设置完毕）。

（5）在参数设置页面中，选择需要的寿命计算方式和补偿方式。

（6）在刀具寿命里设定刀具寿命，并清空实际值。

（7）在配置刀补中写入刀补的配置。

（8）在程序中写入 TGROUP（刀组）并在结尾用 M02、M90 或 M30 结束。

刀具寿命管理功能页面如图 7.1.18 所示。

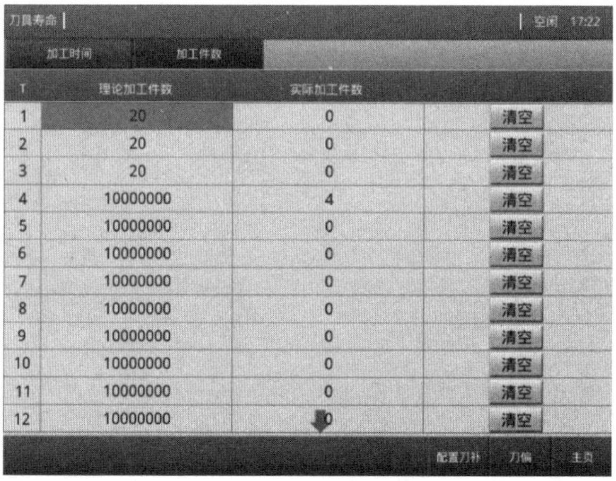

T	理论加工件数	实际加工件数	
1	20	0	清空
2	20	0	清空
3	20	0	清空
4	10000000	4	清空
5	10000000	0	清空
6	10000000	0	清空
7	10000000	0	清空
8	10000000	0	清空
9	10000000	0	清空
10	10000000	0	清空
11	10000000	0	清空
12	10000000	0	清空

图 7.1.18　刀具寿命管理功能页面

程序示例如下。

```
G95 G90
M3 S1000
```

T2 D1

TGROUP1   刀组寿命启用

……

M30   刀组寿命计数，功能关闭

在刀具寿命中选用刀具使用次数作为计数方式。如输入"50"，上述程序执行 50 次后会出现"刀具已达到使用寿命"报警，也可以进行"姊妹刀"替换。

练习与提高

1. 请编写 SVJNL2525 外圆车刀在 i5T3 机床上的探头校正程序。

2. 请编写 SVJNL2525 外圆车刀在 i5T3 机床上的自动测量程序。

3. 请编写一组在 i5T3 机床上刀具寿命为加工件数 50 件的刀具寿命程序、管理流程，以及注意事项。

模块八

智能机床在柔性加工单元上的应用

项目一

智能机床加工的离散型
智能制造认知

项目目标

- ◆了解离散型智能制造流程。
- ◆了解柔性加工单元总控、零件类型识别系统、测量系统。
- ◆掌握基于智能机床的轴承压盖加工工艺。
- ◆了解柔性制造的机床夹具快换系统和机器人抓手快换系统。

任务列表

学习任务	知识点	能力要求
任务一　i5 智能机床柔性加工单元认知	机械加工的离散型智能制造特点 i5 柔性加工单元各部件认知	了解柔性制造的基本概念、流程和加工案例的工艺及流程
任务二　柔性快换系统认知	柔性制造的机床夹具快换系统和机器人抓手快换系统	掌握柔性快换系统的流程及原理

项目导入

轴承压盖零件如图 8.1.1 所示，请对其进行图纸分析并给出初步工艺方案及自动加工单元的配置方案。

图 8.1.1　轴承压盖零件

任务一　i5 智能机床柔性加工单元认知

知识平台

1. 机械加工的离散型智能制造特点

2016 年，工业和信息化部印发了《智能制造试点示范 2016 专项行动实施方案》，其中指出，当前，以智能制造为代表的新一轮产业变革迅猛发展，数字化、网络化、智能化日益成为制造业的主要趋势。智能制造是把物联网、云计算、大数据等新一代信息技术贯穿于设计、生产、管理、服务等制造活动各个环节。

在《关于开展智能制造试点示范 2016 专项行动的通知》中有以下说明：在机械、航空、航天、汽车、船舶、轻工、服装、医疗器械、电子信息等离散制造领域，开展智能车间/工厂的集成创新与应用示范，推进数字化设计、装备智能化升级、工艺流程优化、精益生产、可视化管理、质量控制与追溯、智能物流等试点应用，推动企业全业务流程智能化整合。

沈阳机床集团 i5 自动化产品在汽车、轴承、齿轮、工程机械、电梯、电动机、传动轴、轮毂、小型通用件等行业均有涉及。自动化形式主要包括单机自动化单元、桁架自动化单元、机器人自动化单元等多种形式。沈阳机床集团与沈阳工学院共建的轴承压盖加工单元正是以轴承压盖为载体的柔性加工单元，其也是典型的离散型智能制造。自动生产线集成多种制造设备与系统，包括 i5 总控系统、3 种 i5 机床、辊式及盘式料道、海克斯康三坐标测量仪、激光打标机、安川机器人等。整套系统采用了 3 种 PLC，即西门子 S1200、i5PINE 和三菱。可以说复杂度和耦合维度都很高，具备智能工厂的一切特点。

通过对轴承压盖加工单元这套柔性制造系统的认知和学习，除了可以学会智能工厂设备的基本操作技能，还希望学生能够融会贯通，提升智能工厂相关软硬件开发技能、系统规划管理技能，以及系统管理与数据分析技能，以适应未来智能制造的需要。轴承压盖加工单元的布局图如图 8.1.2 所示。

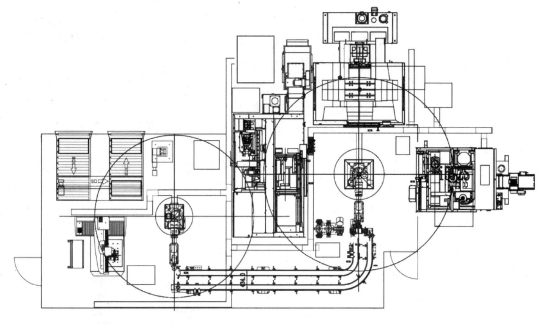

图 8.1.2　轴承压盖加工单元的布局图

i5 柔性加工单元流程图如图 8.1.3 所示。

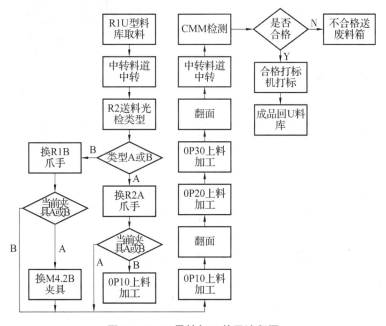

图 8.1.3　i5 柔性加工单元流程图

2. i5 柔性加工单元总控介绍

i5 柔性加工单元总控（以下简称 i5 总控单元）本体外型采用钢板，整体设计符合人体工程学要求，外观美观，操作舒适，i5 总控单元外形图如图 8.1.4 所示。i5 总控单元内部电气元件采用国内外优质产品，最大限度保证设备稳定运行。i5 总控单元配备 12 寸液晶全触摸彩色显示屏，英特尔 i7 处理器，1G 内存，8G 固态硬盘，集成 VGA 视频输出，USB 等常用接口，支持外接鼠标及键盘；并且内置 EtherCAT 高速数字总线、TCP/IP 网络接口；可使用 EtherCAT 高速数字总线连接 I/O 板卡等 i5 标准设备，同时支持分布式 I/O 方案；可使用 TCP/IP 网络接口连接符合 i5 标准的 WIS 车间管理系统，或者通过互联网接入到 i5 云平台。

i5 总控单元使用具有完全自主知识产权的控制软件，软件基于 X86 平台，采用 CNC 与 UI 分离式设计。i5 总控单元内部集成 i5 独有的控制界面，高度的客户定制化操作界面可以使操作更便捷、维护更方便、管理更简单，i5 总控单元实物如图 8.1.5 所示。

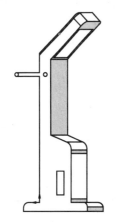

图 8.1.4　i5 总控单元外形图

图 8.1.5　i5 总控单元实物

i5 总控单元中的逻辑运动控制采用符合国际电工委员会 IEC 61131-3 标准的 ST 结构文本编程语言。该语言与梯形图相比，能实现更复杂的数学与逻辑运算，而编写的程序更加简洁、紧凑、高效。

i5 总控单元可以实现以下主要功能。

（1）显示各机床运行状态计时（加工、空闲、报警）。

（2）显示各机床当前运行状态（加工、等待换料、正在换料）。

（3）显示机器人当前状态（各机床及料库上、下料等）。

（4）i5 总控单元总控界面一键启动（该功能需要机床电气设计符合 i5 总控单元接口要求）。

（5）i5 总控单元总控界面一键暂停（该功能需要机床电气设计符合 i5 总控单元接口要求）。

（6）显示整条自动生产线总加工工件数量。

（7）显示整条自动生产线当日加工工件数量，并可清除。

（8）监控与总控交互的 I/O 信号情况。

i5 总控单元配置如图 8.1.6 所示。

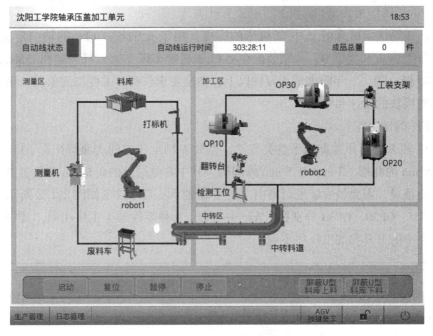

图 8.1.6 i5 总控单元配置

3. 柔性制造的零件类型识别系统

工件检测装置由支架平行气缸及感应开关组成，通过检测工件高度、直径来确定工件种类，为下一步加工提供信息。

随着激光测距仪的广泛应用和发展，工件的轮廓识别系统应运而生。激光测距仪技术作为自动化技术领域的关键技术之一，其工件的轮廓系统可以自动定位加工物件，并判断工件的位置是否正确，对产品的形状、尺寸大小进行检测，对产品进行分类，进而提高加工速度和生产线的柔性。随着科技的不断进步，工业生产的自动化程度越来越高，工业机器人的柔性自动化加工在提高生产效率，确保生产质量，减低生产成本上的作用至关重要。工业机器人在生产过程中的应用最为普遍，其中工业机器人在工作时如何准确地获取工件的类别信息是很重要的，因此零件轮廓检测装置对机器人抓取精度起着重大影响。当位置误差较大时，机器人抓手在抓取工件会产生较大冲击，严重时将对机器人伺服电动机造成过载。传统类型的定位系统采用接近开关定位，其信号不及激光信号迅速、稳定，这使得定位时间和检测精度往往达不到要求。零件轮廓检测装置如图 8.1.7 所示。

图 8.1.7 零件轮廓检测装置

4. 零件的机械加工工艺（轴承压盖）

1）轴承压盖作用

轴承压盖是沈阳机床的 i5 智能机床的零件，用于 X 轴丝杠轴承的轴向定位和密封。轴承压盖分类型 A 和类型 B，分别装配在 i5T3.3 智能车床 X 轴丝杆一端和 i5M4.2 智能机床的 X 轴丝杆一端。其年需求量 1 万件以上，精度要求较高。柔性加工单元以该零件为载体进行功能模块的设计和验证。

2）零件的加工需求

类型 A 和 B 轴承压盖都属于盘类零件，类型 A 轴承压盖的表面特征有 $\phi35$ mm 内孔、4 mm×2.5 mm 内孔槽、2 mm×0.5 mm 外圆槽，其中右侧端面的 0.5 mm 调整量是对轴承外环的预紧调整量，需要最后装配时磨削。类型 A 轴承压盖零件图如图 8.1.8 所示。根据零件特征 OP10、OP20、OP30 分别执行车、钻、铣，3 种零件加工工序相同，其中个别特征不同使工序中的刀具和加工程序不同。

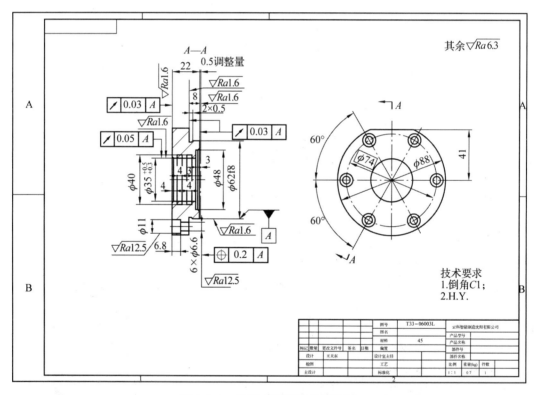

图 8.1.8　类型 A 轴承压盖零件图

3）夹具分析

毛坯为 45 钢。OP10 使用 i5T3.3 智能车床加工，装夹为 8 寸液压软爪左端面定位，外圆夹紧；OP20 使用 i5V2 智能立式机床进行加工，即将 OP10 的卡头部分撤掉，装夹与 OP10 完全一样；OP30 使用 i5M4.2 智能机床进行铣、钻的加工，8 寸液压压盘配液压软爪，因两种类型轴承压盖的外径尺寸不同，一套卡爪无法满足两种类型轴承压盖的同时装夹，为提高生产效率，本书采用了快换夹具实现对不同外径的两套轴承压盖的混流加工方案。工艺路线如图 8.1.9 所示。

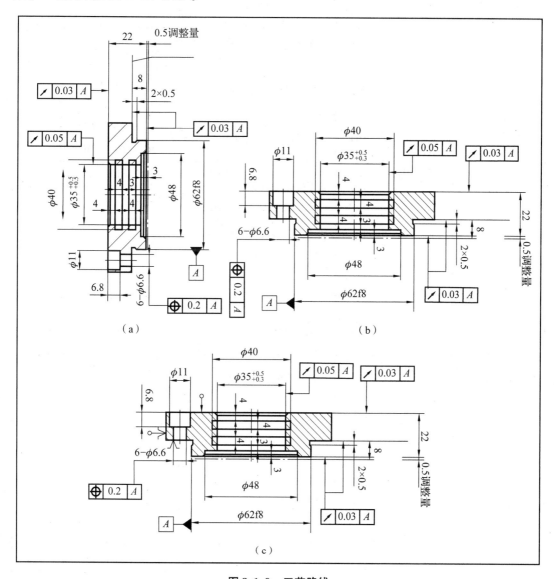

图 8.1.9　工艺路线

（a）OP10；（b）OP20；（c）OP30

4）加工所用刀具

加工刀具如表 8.1.1 所示。

表 8.1.1　加工刀具

加工零件	工序名	刀具号	加工类型	刀具代号
两种轴承压盖 45 号钢	OP10 i5T3.3	T01	粗加工外圆（A、B）	PCLNL2525M12
				CNMG 120408-PR 4325
		T02	精加工外圆（A、B）	PDJNL2525M11
				DNMG 110404-PF 4315
		T03	粗加工内孔（A、B）	S20S-PCLNL09
				CNMG 090308-PM 4235
		T06	加工外圆槽（A、B）	LF123E15-2525B
				N123E2-0200-0002-GF1125
		T07	加工内孔槽（A、B）	LAG123E07-25B
				N123E2-0200-0002-GF1125
		T08	精加工内孔（A、B）	A25T-PDUNL11
				DNMG 110404-PF 4315
	OP20 i5V2C	T01	粗加工外圆（A、B）	PCLNL2525M12
				CNMG 120408-PR 4325
		T02	外圆倒角（A、B）	PDJNL2525M11
				DNMG 110404-PF 4315
		T03	内孔倒角（A、B）	S20S-PCLNL09
				CNMG 090308-PM 4235
	OP30 i5M4.2	T05	钻孔（B）	860.1-0900-031A0-PM4234
				R840-0900-30-A0A1220
				ER25-10A
				BT40-ER25-70H
		T08	加工沉孔（B）	1P231-1500-XA1630
				ER32-17A
				BT40-ER32-70H
		T04	上下倒角（A、B）	326R06-B2502006-CH1025
				ER20-7A
				BT40-ER20-70H
		T07	钻孔（B）	860.1-0500-037A0-PM4234
				R840-0500-50-A0A1220
				ER20-6A

加工零件	工序名	刀具号	加工类型	刀具代号
两种轴承压盖 45 号钢	OP30 i5M4.2	T09	攻螺纹（B）	BT40-ER20-70H
				EP03PM6
				393.14-20 D060X049
				970-B40-20-110
		T01	铣侧面（A）	2P340-1000-PA1630
				ER25-10A
				BT40-ER25-70H
		T02	钻孔（A）	860.1-0660-040A0-PM4234
				R840-0660-50-A0A1220
				ER25-8A
				BT40-ER25-70H
		T03	铣孔（A）	1P231-1100-XA1630
				ER25-13A
				BT40-ER25-70H

5）部分加工程序

程序（部分）示例如下。

O188（OP10）	OP10 加工程序
G90 G95	绝对值编程，转进给
M23	气动门关闭
M361	水门 1 打开
M362	水门 2 打开
M03 S1000	主轴正转 S1 000
N6	序号 6
T6 D2	六号刀二号刀补
G96 S200 LIM=1800	主轴恒线速 线速度200 最高转速1 200
G0 X66 Z5	快速移动 X66 Z5
Z1.5	快速移动 Z1.5
G01 X30 F0.3	直线差补 X30 进给 F0.3
G0 X66 Z=IC（1）	快速移动 X66 增量值 Z1
Z0.3	快速移动 Z0.3
G1 X30	直线差补 X30
G0 X93 Z=IC（2）	快速移动 X93 增量值 Z2
Z-7.9	快速移动 Z-7.9

G01 X64.1 F0.3	直线差补 X64.1 进给 F0.3
G0 X66 Z1	快速移动 X66 Z1
G0 X62.6	快速移动 X62.6
G01 Z-7.9 F0.3	直线差补 Z-7.9 进给 F0.3
G0 X88.6 Z=IC (1)	快速移动 X88 增量值 Z1
G01 Z-22.8	直线差补 Z-22.8
G97	恒线速取消
G0 X100 Z180	快速移动 X100 Z180
N7	序号 7
T7 D2	七号刀二号刀补
M03 S1 800	主轴正转 S1 800
G96 S200 LIM=1 800	主轴恒线速 线速度200 最高转速1 800
G0 X33 Z2	快速移动 X33 Z2
CYCLE95 ("1881", 1, 0.2, 0.3, 0, 0.25, 0, 0, 3, 0, 0, 0.5)	
	轮廓循环
G0 Z1	快速移动 Z1
X34.9	快速移动 X34.9
G1 Z-25 F0.25	直线差补 Z-25 进给 F0.25
G0 X30	快速移动 X30
G97	恒线速取消
G0 Z180	快速移动 Z180
X100	快速移动 X100
N2	序号 2
T2 D2	二号刀二号刀补
M03 S400	主轴正转 S400
G96 S120 LIM=1 000	主轴恒线速 线速度120 最高转速1 000
G0 X90 Z2	快速移动 X90 Z2
Z-7.8	快速移动 Z-7.8
G01 X62.5 F0.15	直线差补 X62.5 进给 F0.15
X61 F0.08	直线差补 X61 进给 F0.08
G4 H0.05	时间停止 0.05s
G0 X61.1	快速移动 X61.1
G91 G1 X2 Z1	增量直线差补 X2 Z1
G90 G0 X70	绝对值快速移动 X70
G97	恒线速取消
G0 X100 Z180	快速移动 X100 Z80
N4	序号 4
T4 D2	四号刀二号刀补

M03 S800	主轴正转 S800
G0 X33	快速移动 X33
Z2	快速移动 Z2
Z-8	快速移动 Z-8
F0.08	进给 F0.08
CYCLE93 (17.45, -6, 4, 2.55, 0, 0, 0, 0.8, 0.8, 0, 0, 0, 0, 1, 0, 7, 0)	
	切槽循环
CYCLE93 (17.45, -14, 4, 2.55, 0, 0, 0, 0.8, 0.8, 0, 0, 0, 0, 1, 0, 7, 0)	
	切槽循环
G0 Z180	快速移动 Z180
X100	快速移动 X100
N8	序号 8
M03 S800	主轴正转 S800
T8 D2	八号刀二号刀补
G0 X90 Z0	快速移动 X90 Z0
Z-8	快速移动 Z-8
G96 S260 LIM=2 200	主轴恒线速 线速度 260 最高转速 2 200
G01 X61 F0.15	直线差补 X61 进给 F0.15
G0 X=IC (1) Z=IC (0.5)	快速移动增量 X1 Z0.5
X65	快速移动 X65
Z0	快速移动 Z0
G1 X45	直线差补 X45
G0 X59 Z=IC (0.5)	快速移动 X59 增量 Z0.5
G1 X62 Z-1	直线差补 X62 Z-1
Z-7	直线差补 Z-7
G0 X85	快速移动 X85
G1 Z-7.5	直线差补 Z-7.5
X88 Z-9	直线差补 X88 Z-9
Z-22.5	直线差补 Z-22.9
G0 G97 X200 Z180	快速移动取消恒线速 X200 Z180
N1	序号 1
T1 D2	一号刀二号刀补
M03 S2 200	主轴正转 S2 200
G0 X32 Z5	快速移动 X32 Z5
Z-3	快速移动 Z-3
G1 X47.4 F0.15	直线差补 X47.4 进给 F0.15
G0 X46 Z=IC (0.5)	快速移动 X46 增量 Z0.5
Z2	快速移动 Z2

X51	快速移动 X51
G1 Z0.5	直线差补 Z0.5
X48 Z-1	直线差补 X48 Z-1
Z-3	直线差补 Z-3
G0 X=IC（-1）Z=IC（0.5）	快速移动增量 X-1 Z0.5
X38.4	快速移动 X38.4
G1 X35.4 Z-4	直线差补 X35.4 Z-4
Z-23	直线差补 Z-23
G0 X33	快速移动 X33
Z100	快速移动 Z100
S50	
G4 H3	时间暂停3s
M9	切削液停
M302	吹屑开始
G75	回参考点
G4 H3	暂停3s
M303	吹屑结束
M5	主轴停止
M22	自动门开
O188（OP20）	OP20 立车序程序
M23	自动门关
G90 G95	绝对值转进给
M361	水门1打开（内冷）
M362	水门1打开（外冷）
M333	主轴限制取消
T5 D1	五号刀一号刀补
M03 S650	主轴正转 S650
G96 S180 LIM=1 800	主轴恒线速 线速度180 最高转速1 800
G0 X95 Z10	快速移动 X95 Z10
CYCLE95（"2881"，2，0，0，0，0.3，0，0，2，0，0，0.5）	
	轮廓循环
G0 X95	快速移动 X95
Z0.3	快速移动 Z0.3
G1 X32 F0.3	直线差补 X32 进给 F0.3
G97	取消恒线速
G0 X100 Z100	快速移动 X100 Z100
M5	主轴停止
N7	序号7

T3 D1	三号刀一号刀补
M04 S1 500	主轴反转 S1 500
G0 X29 Z2	快速移动 X29 Z2
G1 Z-1.5 F0.2	直线差补 Z-1.5 进给 F0.2
X34.4	直线差补 X34.4
X=IC（4）Z=IC（2）	直线差补增量 X4 Z2
G0 Z100	快速移动 Z100
M5	主轴停止
N2	序号 2
T8 D1	八号刀一号刀补
M03 S800	主轴正转 S800
G96 S260 LIM=1 800	主轴恒线速 线速度260 最高转速1 800
G0 X92 Z2	快速移动 X92 Z2
Z0	快速移动 Z0
G1 Z-1.5 F0.15	直线差补 Z-1.5 进给 F0.15
X89	直线差补 X89
X=IC（-4）Z=IC（2）	直线差补增量 X-4 Z2
G0 X92	快速移动 X92
Z0	快速移动 Z0
G1 X32	直线差补 X32
G97	取消恒线速
G0 Z10	快速移动 Z10
S50	
G75	主轴定向
G4 H1	时间暂停1 s
M369	
M302	吹屑开始
G4 H3	时间暂停3 s
M303	吹屑停止
M5	主轴停止
M22	
OP30	OP30 立加序 程序
N10	
G54	
T1M6	换1 号刀
T2	2 号刀备刀
M8	
M3 S1 800	

G0 X-47.5 Y-20 Z50

Z5

G1 Z-23 F1 000

Y20 F300

X-46

Y-20

G0 Z106.4

X0 Y200

M5

N20

G54

T2 M6

T3

M3 S3 200 F300

G0 G90 X0 Y0 Z50

MCALL CYCLE81 (50, 0, 5, -19, 19) 钻孔 陈列

HOLES2 (0, 0, 37, 30, 60, 6)　　　　极半径37、初始角度30°、圆周阵列间隔60°、阵列个数6

MCALL　　　　　　　　　　　　　　阵列取消

G0 Z71.185

X0 Y200

M5

N30

G54

T3 M6

T4

M3 S3 600 F400

G0 G90 X0 Y0 Z50

MCALL CYCLE83 (10, 0, 5, -6.8, 6.8, 0, 0, 1.2, 1, 0, 1, 1)

　　　　　　　　　　　　　　　钻深孔 陈列

HOLES2 (0, 0, 37, 30, 60, 6)　　　　极半径37、初始角度30°、圆周阵列间隔60°、阵列个数6

MCALL　　　　　　　　　　　　　　陈列取消

G0 Z94.455

X0 Y200

M5

N40

M6 T4

```
G54
M3 S4 200
G0 X-45 Y20.6
Z50
G1 Z-1.45 F1 000
X-43.1 F500
Y-20.4
X-45
G1 Z-15.8
X-43.2
Y20.6
X-45
G0 Z100
Y200
M5
N50
R1 =32.043                      R1 变量赋值
R2 =18.5                        R2 变量赋值
M6 T4                          换刀
G54 G0 G90 Z30                 抬刀 Z30
X0 Y0
M3 S4 200
TRANS X0 Y37                   坐标原点进行绝对平移 X0 Y37
AAA                            调用倒角子程序 AAA
TRANS X = -R1 Y = R2           坐标原点进行绝对平移
AAA                            调用倒角子程序 AAA
TRANS X = -R1 Y = -R2          坐标原点进行绝对平移
AAA                            调用倒角子程序 AAA
TRANS X0 Y-37                  坐标原点进行绝对平移
AAA                            调用倒角子程序 AAA
TRANS X = R1 Y = -R2           坐标原点进行绝对平移
AAA                            调用倒角子程序 AAA
TRANS X = R1 Y = R2            坐标原点进行绝对平移
AAA                            调用倒角子程序 AAA
G0 Z80
M5
N60
R1 =32.043
```

R2 =18.5

M6 T4

T10

G54 G0 G90 Z30

X0 Y0

M3 S4 200

TRANS X0 Y37	坐标原点进行绝对平移 X0 Y37
AA	调用 AA 子程序
TRANS X = -R1 Y = R2	坐标原点进行绝对平移
AA	调用 AA 子程序
TRANS X = -R1 Y = -R2	坐标原点进行绝对平移
AA	调用 AA 子程序
TRANS X0 Y-37	坐标原点进行绝对平移 X0 Y-37
AA	调用 AA 子程序
TRANS X = R1 Y = -R2	坐标原点进行绝对平移
AA	调用 AA 子程序
TRANS X = R1 Y = R2	坐标原点进行绝对平移
AA	调用 AA 子程序

G0 Z80

Y200

M6 T10	换 10 号刀
M9	切削液停

G54

M12	吹气开

G0 G90 X-116 Y70

G1 Z-50 F5 000

Y88

G4 H5

Y110 F800

G2 J-40

M9	吹气关

■■\ 练习与提高 ----

1. 请写出图 8.1.8 中轴承压盖零件的加工工艺。

2. 请说明在图 8.1.10 的柔性加工单元加工中智能机床都进行了哪些工作？

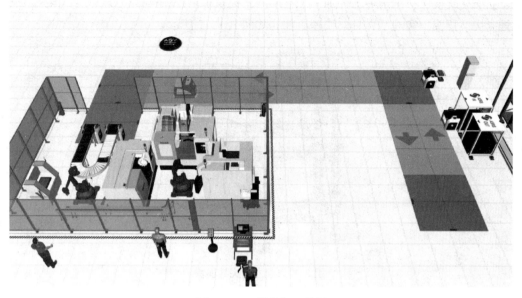

图 8.1.10 柔性加工单元

任务二 柔性快换系统认知

1. 柔性制造的机床夹具快换系统

数控精益生产线面向多品种、小批量生产需求，是在精益生产理念指导下，以成组技术为基础，以零件组的固有特征为依据，以数控加工中心为主体的新型柔性流水线，它具有生产流程短、加工精度高、质量稳定、自动化程度高、生产效率高、加工兼容性好、品种换产快等特点。但在实际生产中数控精益生产线必须围绕着具有第四轴的设备来组织不同工位之间的切换，这也大量依赖于卧式旋转工作台去完成，这使数控精益生产线的柔性化优势得不到充分发挥。精益生产方式并不追求制造设备的高度自动化和现代化，而强调对现有设备的改造和根据实际需要采用先进技术，按此原则来提高设备的效率和柔性。在提高生产柔性的同时并不拘泥于柔性，以避免不必要的资金和技术浪费。

夹具设计针对多品种研发和中小批量生产的现状，其通用性和方便性将直接影响机床的利用率。要控制工装成本和减少夹具设计制造时间，最有效的途径就是设计适合于多品种的夹具。针对不同形状外观、不同加工目的的零件工装设计要求最大化地提高夹具的通用性；同时，工件在夹具上能迅速定位，通过设计任务的分析确定夹具的设计目标。其还要求定位合理快速、通用性高，适合大多数零件的装夹夹紧，且装置稳定，能有效防止工件产生振动和移动。

立加夹具模块根据两种工件加工工艺不同，提供了两种快换式立加夹具。该夹具安装了雄克快换接头，实现了夹具的快速更换，如图 8.1.11 所示。

快换式立加夹具

铝型材支架

图 8.1.11　立加夹具模块

2. 柔性制造的机器人抓手快换系统

1）机器人抓手

工件搬运检测区的 MH24 机器人手爪：如图 8.1.12 所示，MH24 机器人手爪由手爪连接板、两个三指气缸及内撑手指、弹出板等零件组成，工件抓取形式为内撑式。该内撑式手爪可同时满足两种工件的抓取。

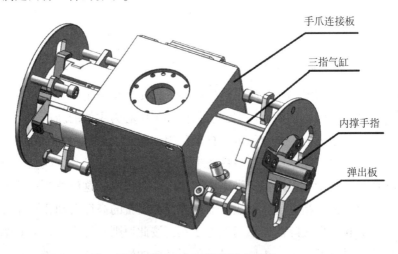

手爪连接板

三指气缸

内撑手指

弹出板

图 8.1.12　MH24 机器人手爪

工件加工区的 MH50Ⅱ机器人手爪：MH50Ⅱ机器人手爪分内撑式手爪与外夹式手爪两种形式。

内撑式手爪：内撑式手爪由雄克快换接头、手爪连接板、两个三指气缸及内撑手指、弹出板组成，内撑式手爪可以同时满足两种工件的抓取。MH50Ⅱ内撑式手爪如图 8.1.13所示。

外夹式手爪：外夹式手爪由雄克快换接头、手爪连接板、两个三指气缸及外夹手指、弹出板组成，其中外夹手指为齿形，可根据工件外圆大小调节。MH50Ⅱ外夹式手爪如图 8.1.14所示。

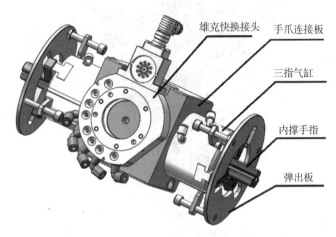

图 8.1.13　MH50Ⅱ内撑式手爪

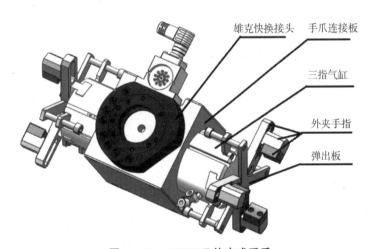

图 8.1.14　MH50Ⅱ外夹式手爪

2）快换及翻转站

MH50Ⅱ手爪快换及翻转站可以是分体式也可以是一体式，铝型材支架、翻转站在加工岛内进行地基稳固，根据工艺要求实现工件翻面。铝型材支架另一端为雄克快换接头，可根据使用要求与 MH50Ⅱ内撑式手爪或外夹式手爪连接（通过雄克快换系统实现），如图 8.1.15 所示。

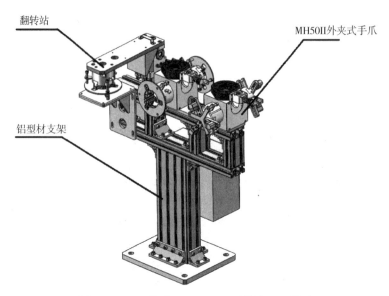

翻转站

MH50II外夹式手爪

铝型材支架

图 8.1.15　一体式 MH50 II 手爪快换及翻转站

练习与提高

在项目一的柔性加工单元加工中工业机器人起什么作用？

 项目二
智能机床的智能管控

◢◣\ **项目目标** ----

◆ 了解 i5 智能机床柔性加工单元机器人部分编程规则。

◆ 掌握 i5 智能机床柔性加工单元 i5 机床编程规则。

◆ 了解 i5 智能机床柔性加工单元中制造执行系统的功能。

◆ 了解 i5 智能机床柔性加工单元智能仓库的功能。

◢◣\ **任务列表** ----

学习任务	知识点	能力要求
任务　i5 智能机床在制造流程中的应用	i5 智能机床柔性加工单元机器人搬运系统、制造执行系统、仓储物流系统的认知	了解柔性智能制造的基本概念、流程，以及加工案例的工艺和流程

◢◣\ **项目导入** ----

请思考在轴承压盖加工中需要进行哪些信息的采集、计算、下发。

任务　i5 智能机床在制造流程中的应用

◢◣\ **知识平台** ----

1. 工业机器人的基本特点

工业机器人与数控机床类似，也由控制器、伺服机构、伺服电动机等机构组成。工业

机器人的种类、用途，以及用户要求都不尽相同。但工业机器人的主要技术参数应包括自由度、精度、工作范围、最大工作速度和承载能力。其主要技术参数及主要装置如下。

1）自由度

人的手臂共有 6 个自由度，所以工作起来很灵巧，手部可回避障碍物，从不同方向到达目的地。机器人所具有的独立坐标轴运动的数目，一般不包括手爪（或末端执行器）的开合自由度。在三维空间中表述一个物体的位置和姿态需要 6 个自由度。但是，工业机器人的自由度是根据其用途而设计的，因此工业机器人的自由度可能小于 6 个也可能大于 6 个。

2）精度

工业机器人的精度是指定位精度和重复定位精度。定位精度是指机器人手部实际到达位置与目标位置之间的差异，用反复多次测试的定位结果的代表点与指定位置之间的距离来表示。重复定位精度是指机器人重复定位手部于同一目标位置的能力，以实际位置值的分散程度来表示。实际应用中常以重复测试结果的标准偏差值的 3 倍来表示，它是衡量一列误差值的密集度。

3）工作范围

工作范围是指机器人手臂末端或手腕中心所能到达的所有点的集合，也叫作工作区域。工作范围的形状和大小是十分重要的，机器人在执行某作业时可能会因为手部不能到达的作业死区而不能完成任务。

4）最大工作速度

最大工作速度的定义在不同生产厂家有不同的定义。有的厂家用最大工作速度代指工业机器人自由度上最大的稳定速度，有的用厂家最大工作速度代指手臂大合成速度，通常欧洲技术参数中就有说明。工作速度越高，工作效率就越高；但是，工作速度越高就要花费更多的时间去升速或降速。

5）承载能力

承载能力是指机器人在工作范围内的任何位置上所能承受的最大质量。承载能力不仅决定于负载的质量，而且与机器人运行的速度、加速度的大小和方向有关。为了安全起见，承载能力这一技术指标是指高速运行时的承载能力。承载能力不仅指负载，还包括了机器人末端执行器的质量，安川 MH50 机器人的承载能力为 50 kg。

6）控制柜

控制柜配有电源按钮、急停按钮来控制装置电源的开或关。控制柜内有伺服系统及 PLC 板等控制元件。

7）示教器

示教器装有按键和按钮，以便执行示教、文件操作、各种条件设定等。

8）机器人本体

机器人本体由底座、关节、RV 减速机和抓手组成。

2. 与机床交互的机器人编程示例及规则

1）自动线启动后机器人的操作

（1）自动线在启动前，有的设备报警灯状态为红色，此种情况属于相关的设备出现报警，需排查一下各设备及防护门处急停按钮状态。

（2）点击控制柜启动按钮后，机器人指示灯变为红色，则代表机器人出现报警异常，具体有以下几种情况：

① 机器人模式选择开关没有全部调到自动状态，需要重新调整；

② 机器人内部报警没有清除，需将安川机器人调到"远程"模式后，进入系统菜单复位报警。

③ 单元防护门没有关闭，此时会触发机器人暂停状态，启动机器人会提示启动异常；

④ 气源压力低时机器人不会报警，但是会运行至主程序第一步后停止。注意：此时机器人不属于急停和暂停状态，一旦气源供气，机器人会继续运行，所以排查时需要注意优先暂停或按下机器人急停按钮，再排除故障，防止气源意外供气时出现人身伤害。

2）机器人的程序编写

编写机床交互机器人的 3 个程序分别是上料（MA-A_ first）、换料（MA-A_ HL）、清料（MA-A_ end）。

因机器人前端机械手爪与机床卡盘类属于刚性对接动作，考虑到机器人前端的灵敏度及过载保护动作，机器人在给机床上料的时候，必须是机械手爪先松开，然后机床卡盘夹紧；下料的时候是机床卡盘先松开，然后机器人的机械手爪夹紧工件。机器人在抓取零件后需要与 OP10 的 i5T3.3 智能车床上已经加工完成的零件进行交换。即实现动作为：移动到换料位置后准备下料；机床卡盘松开；机械手爪 1 夹紧工件；移动机械手爪 2 准备上料；机械手爪 2 松开；机床卡盘夹紧。每一步都需要给总控发 CMD 应答信号，同时也需要机床侧经总控发给机器人的 CMD 应答信号。

机器人（安川）进行机床加工上下料的程序如下（代码详见安川机器人使用说明书）。

```
NOP                                        程序开头
WAIT IN# (18) = ON                         等待条件（输入信号点 18）
WAIT IN# (19) = ON                         等待条件（输入信号点 19）
DOUT OG# (1) 108                           外部输出（输出组 18 个点）
WAIT IN# (11) = ON                         等待条件（输入信号点 11）
SET B000 0                                 B0 寄存器置位
MOVJ C00000 VJ=100.00                      机械手爪移动
MOVJ C00001 VJ=100.00   //MA_ OUTSIDE      机械手爪移动到机床外侧
MOVL C00002 V=1 000.0 PL=0   //MA_ HL_ Q   机械手爪移动到换料前位置
MOVL C00003 V=1 000.0 PL=0   //MA_ HL      机械手爪移动到换料处
PULSE OT# (10) T=2.00                      输出脉冲（发卡盘松开信号）
WAIT IN# (24) = ON                         等待应答信号（机床卡盘松开）
CALL JOB: Z1J                              调用机械手爪 1 夹紧子程序
MOVJ C00004 VJ=100.00 PL=0   //MA_ SF      机械手爪移动到安全区外
MOVJ C00005 VJ=100.00 PL=0   //CHANGE      机械手爪移动到换料处
PULSE OT# (24) T=2.00                      输出脉冲（发吹气信号）
```

```
WAIT IN# (16) = ON                               等待应答信号（机床卡盘夹紧）
MOVL C00006 V=600.0 PL=0    //MA_ SL             输出置位脉冲
CALL JOB：Z2S                                    调用机械手爪2松开子程序
PULSE OT# (11) T=2.00                            输出脉冲（发卡盘夹紧信号）
WAIT IN# (23) = ON                               等待应答信号（机床卡盘夹紧）
MOVL C00007 V=1 000.0 PL=0    //MA_ SF           机械手爪移动到安全位置
MOVL C00008 V=1 000.0                            机械手爪移动到安全位置
MOVL C00009 V=1 600.0 PL=0    //MA_ OUTSIDE      机械手爪移动到机床外侧翻转台
PULSE OT# (24) T=2.00                            输出脉冲（发吹气信号）
MOVJ C00010 VJ=100.00                            机械手爪移动
MOVL C00011 V=1 600.0 PL=0    //FZ_ SF           机械手爪移动到翻转台安全点
MOVL C00012 V=600.0 PL=0    //FZ                 机械手爪移动到翻转台翻转位
CALL JOB：F_ ZJ                                  翻转台夹紧
CALL JOB：Z1S                                    调用机械手爪抓1松开子程序
MOVL C00013 V=1 600.0    //FZ_ QF                机械手爪移动到翻转台外侧
MOVJ C00014 VJ=100.00 PL=0
CALL JOB：F_ FZ                                  翻转台翻转到水平
CALL JOB：F_ ZS                                  翻转台松开
CALL JOB：F_ ZZ                                  翻转台翻转到竖直
MOVL C00015 V=1 600.0    //FZ_ SF                机械手爪移动到翻转位安全点
MOVL C00016 V=600.0 PL=0    //FZ_ ZS             机械手爪移动到机床外侧翻转台
CALL JOB：Z2J                                    调用机械手爪抓2夹紧子程序
MOVL C00017 V=1600.0    //FZ_ ZS_ SF             机械手爪移动安全点
MOVJ C00018 VJ=100.00                            机械手爪移动
PULSE OT# (24) T=1.00                            输出置位脉冲
END                                              命令结束
```

3）机器人故障的解除

自动线运行过程中突然停止，且机器人没有报警，但有提示信息，此时机器人处于暂停状态，有以下几种解决方法：

（1）查看防护门是否打开，有可能没有关好；

（2）是否有人将机器人模式开关切换为手动；

（3）人为地点击了暂停按钮；

（4）查看气源压力，若气源失压，则自动线停止；

（5）自动线感应元件没发出来信号（如机械手爪夹紧是否到位、松开是否到位等）。

注意：单元岛自动线的每一个动作的反馈开关在运行一段时间后有松动、窜动的可能。比如，机器人的机械手爪在抓紧工件后通过接近开关对总控进行反馈，然后再进行下一步动作，如果总控没有收到，机械手爪将会卡在抓取的位置；卡盘的夹紧状态也是通过卡盘后面的限位开关进行检测的，在设备调试时i5V2C智能机床的卡盘检测开关就是因为工件大小不在检测范围内造成机器人无法进行换料动作。

3. 柔性加工单元中机床主程序

1）柔性加工单元中 i5 智能机床的操作

（1）如果机床需要回零，则上电之后应先进行回零操作。

（2）如果机床需进行预热操作，则在回零后机床应先预热。

（3）如果机床需要进行首件手动加工，则先手动加工毛坯件。

（4）调用机床主程序。（立加夹具与车床的机床主程序会有所不同，机床主程序视具体加工情况而定）。

2）柔性加工单元中 i5 智能机床编程

i5 智能机床逻辑判断编程的语句如下。

（1）取消程序预读（WAIT RUNOUT）：进行逻辑判断前加入。

（2）判断条件（IF…）：如 IF ＄IX［13. 0］＝＝"ON"，IF 后面的＝＝为判断语句，END IF 为跳转位置。

（3）跳转（GOTO…）：后面接标志符或 N+数字，注意向前跳是无限循环。

（4）M301：机床准备好等待上料。

机床的程序分主程序和加工程序，当机床与机器人需要交互时，一般在主程序中进行。柔性加工单元由两台车床和一台加工中心组成。车床加工程序一般流程如下。

（1）车床移动到安全位置，换安全刀位。

（2）开气动门。

（3）机器人上料。

（4）床头吹气。

（5）机器人换料。

（6）关气动门。

（7）零件类型判断。

（8）调用加工子程序加工。

（9）返回换料开始标志。

i5T3.3 智能车床程序如下，其他机床与之类似。

N10	主程序开始跳转标志
M1	程序名
T2 D0	换 2 号刀具，撤刀补
G75	回第二零点
M333	主轴限制取消；未夹紧可旋转
M19 SP0	主轴定位到 0°，机床卡爪与机器人机械手爪不能干涉的位置
M334	主轴限制生效
M22	机床防护开门
M301	机床准备好等待上料
M302	主轴吹气

```
M333                            主轴限制取消；未夹紧可旋转
S100 M3                         主轴旋转
G4 H3                           暂停 3 s
M5                              主轴停止
M334                            主轴限制生效
M303                            主轴吹气
G4 H1                           暂停 3 s
M311                            机床准备好等待换料
M23                             机床防护关门
WAITRUNOUT                      不进行预读功能
IF $IX [13.0] == "ON"           读总控发出的 X13.0 I/O 点，判断工件类别
GOTO N20                        程序跳转到 N20
ENDIF                           循环结束
WAITRUNOUT                      循环开始
IF $IX [13.1] == "ON"           读总控发出的 X13.1 I/O 点，判断工件类别
GOTO N30                        程序跳转到 N30
ENDIF                           循环结束
N20 CALL O188                   跳转至 188 子程序
G4 H2
N30 CALL O185                   跳转至 185 子程序
G4 H2
GOTO N10
```

4. MES 的排产与管控

制造执行系统（Manufacturing Execution System，MES）是位于上层的计划管理系统与底层的工业系统之间的面向车间层的管理信息系统，包括资源分配、状态管理、作业计划调度、生产单元分配、过程管理、质量管理、维护管理、数据采集、人力资源管理、性能分析、文档控制、产品跟踪和产品清单管理等功能模块。国内外的很多专家学者和企业界人士已经对其中大部分功能模块进行了比较深入的理论研究和实践应用。但是性能分析（Performance Analysis）功能国内还处于研究阶段，没有成熟的产品问世。

近年来智能化、信息化、网络化等智能要素是数控机床发展的必然趋势。i5 系列是沈阳机床集团基于工业互联网环境在 2015 年成功研发的智能控制系统及智能机床。基于 i5 智能系统应用开发的车间信息系统，为用户提供智能工厂解决方案，实现了从单元智能、车间智能到工厂智能。整个车间信息系统有几个维度。首先，它能够抓取机床的信息，包括使用时间等，甚至机床的电动机电流出现了报警也可以抓取数据，给车间的数据维护人员提供数据分析，给车间管理人员提供订单，使其对计划完成情况进行分析。此外，它还可以把机床的物料消耗、人力成本通过财务体系融合进来，及时归集整个车间的运营成本。然后，i5 智能机床是网络智能化的，当企业能够形成人与机器的直接交互时，机器的信息会直接发送到未来连接的云端平台，在这个平台进行大数据分析，而这个数据分析是

真实可靠的。有了这样的技术之后，制造厂商能够及时地计量机床的状态，提出以时间、销售、加工能力为主的方案，实现商务创新。最后，智能工厂是机床与机床的数据流通，人与机床的交互数据流通，机床的数据与财务的数据流通，这样统一的车间管理才能在统一的技术平台下融合，并给管理者正确、及时的数据反馈。

车间信息系统（WIS）与 MES 结合的企业资源计划（ERP）能实现企业的产品管理、销售管理、供应商管理、生产计划、生产管理、仓促管理、外协管理，以及系统管理。

其中生产计划是用来制定工厂生产的计划，在制定生产计划前要先根据系统建立数据模型，包括设备、人员、能力、产品、工艺、仓库、权限，物料等信息。如果信息不全，会导致排产失败。通过 MES 的计划排产功能，可以轻松地实现远程控制，以及智能工厂的自动运转。

WIS 逻辑控制流程如图 8.1.16 所示。

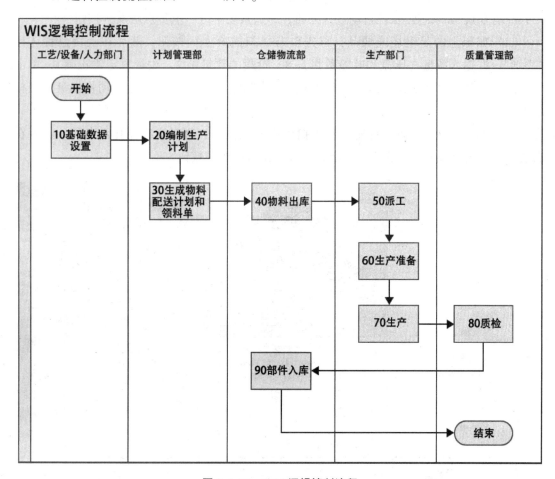

图 8.1.16 WIS 逻辑控制流程

总之，智能装备是核心，智能工厂是载体。通过 MES 打通智能机床、智能工厂、智能生态数据形成大数据、全链条。现在 i5 智能系统的 WIS 还处于数据的采集阶段，还未能对质量数据和加工数据进行分析。目前，i5 智能系统的全国数据中心 iSESOL 工业互联网平台已经建成，并已经可以进行数据采集。

5. 柔性加工单元中智能仓库介绍

智能仓库也称自动化仓储系统（AS/RS）是物流技术的革命性成果，它一般由高层货架、巷道堆垛机、输送机、控制系统和仓库管理系统（WMS）等构成，可以在计算机系统控制下完成单元货物的自动存取作业。加工产品的仓储和物流管理也是加工车间数字化、智能化的重要组成部分。

WMS 主界面如图 8.1.17 所示，图中白色方框是没托盘的，黑色方框是有托盘的，但是托盘上没货物，灰色方框是有托盘还有货物的。当程序启动后，单击主界面，会出现如下图显示的画面，然后单击"上货"选项，上货分以下 3 种情况：

（1）如果只是上托盘，不上货，那么直接把托盘放到上料口（注意要放到扫描枪能扫到的地方），如果想让系统自动选择去向，那么直接单击"上货点触发"按钮；

（2）如果上的是毛坯或成品，首先单击"扫描枪上"按钮，然后在上货位置选择"类别"，并输入数量（压盖和叶轮数量是 8、轮毂的数量是 2，数量一定要正确），单击"保存"，上货信息变黑，单击"上货点触发"按钮，巷道堆垛机就会自动将托盘送到相应的位置；

（3）如果想指定位置，首先单击"扫描枪上"按钮，这时会得到托盘条码，然后在右边货架里选择需要去往的地方，最后单击"托盘动作"按钮。

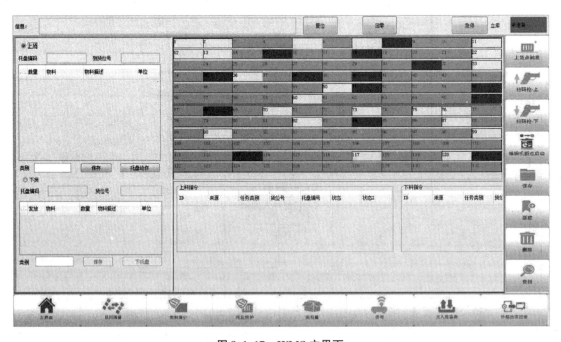

图 8.1.17　WMS 主界面

仓储物流流程图如图 8.1.18 所示。

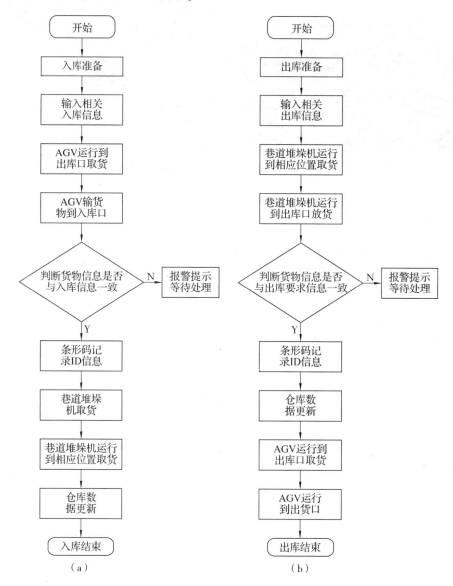

图 8.1.18　仓储物流流程图

（a）入库流程图；（b）出库流程图

6. 柔性加工单元中 AGV 介绍

AGV 即自动导引运输车，本柔性加工单元使用了两辆磁条引导式 AGV 来进行整个现场调度工作，它们同时由一个西门子 S1200 控制盒来控制，而运输车由辊筒来实现上下料的控制。AGV 车体主架采用钢材焊接而成，车体各面采用钢板焊接成一个封闭的内腔。机械部分包括 AGV 车体、电池仓、驱动轮、保险杠、电池和充电连接器等；电气部分由电池、驱动系统、控制系统、导引系统、安全系统和控制面板组成。AGV 的外观及电气组成图如图 8.1.19 所示。

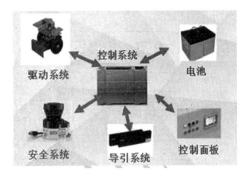

图 8.1.19　AGV 的外观及电气组成图

练习与提高

1. 写出柔性加工单元的组成。

2. 柔性加工单元中工业机器人起什么作用？

3. 柔性加工单元中智能仓库和 AGV 起什么作用？

4. 试对下面柔性加工单元的加工中心程序进行标注。

```
N10
M23
G53
G0 G90 F1 000
X227.510 Y-0.035 Z0
M22
M301
M323
G4 H10
M324
M311
M23
N50
WAITRUNOUT
IF $ IX [12.0] ＝＝"ON"
GOTO N20
ELSE
GOTO N40
END IF
N40
WAITRUNOUT
IF $ IX [12.1] ＝＝"ON"
```

GOTO N30

ELSE

GOTO N50

END IF

N20 CALL 0388

G4 H2 GOTO N10

N30 CALL 0385

G4 H2 GOTO N10

5. 如图 8.1.20 所示，请设计法兰零件柔性加工单元的第一序数控车床加工、第二序数控车床加工和第三序加工中心加工的机床联机流程并编写机床的主程序。

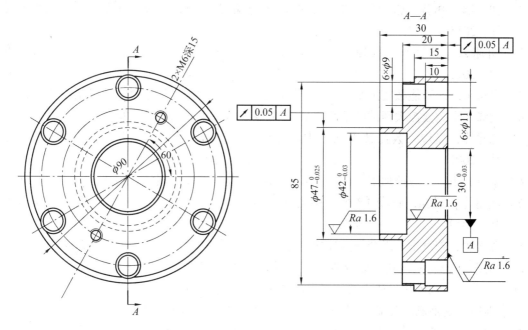

图 8.1.20　法兰零件

参 考 文 献

［1］ 仲兴国，郑智，张丽丽，等. 数控机床与编程［M］. 2 版. 沈阳：东北大学出版社，2015.

［2］ 胡翔云，袁晓洲. 数控铣削工艺设计编程与加工［M］. 北京：电子工业出版社，2011.

［3］ 李东来. i5 智能数控加工中心操作与编程［M］. 沈阳：辽宁科学技术出版社，2016.

［4］ 袁锋. 全国数控大赛试题精选［M］. 北京：机械工业出版社，2006.

［5］ 沈建峰，虞俊. 数控铣工加工中心操作工（高级）［M］. 北京：机械工业出版社，2007.

［6］ 蔡兰，王霄. 数控加工工艺学［M］. 北京：化学工业出版社，2005.

［7］ 成建峰，赵猛. i5 智能加工中心加工工艺与编程［M］. 北京：机械工业出版社，2018.

［8］ 曹著明，刘京华. 组合件数控加工综合实训［M］. 北京：机械工业出版社，2013.

［9］ 李杰. CPS：新一代工业智能［M］. 上海：上海交通大学出版社，2017.

［10］ 程晓蒙. 规模化生产中智慧工厂的初步建立［J］. 制造技术与机床，2016（9）.

［11］ 张曙. 智能制造与 i5 智能机床［J］. 机械制造与自动化，2017（1）.

［12］ 赵科学，刘业峰，赵元，等. 基于最小二乘法的叶轮智能加工单元测量系统搭建［J］. 工具技术，2018，52（11）：138-142.

［13］ 赵科学，刘业峰，赵元，等. 基于 i5 智能协同系统的柔性加工单元优化仿真与实现［J］. 工具技术，2019，53（06）：37-41.

［14］ 刘业峰，赵元，赵科学，等. 数字化柔性智能制造系统在机床加工行业中的应用［J］. 制造技术与机床，2018（11）：157-162.